建筑电气设计与地基技术

贾永波　赵晓阳　张小燕　主编

汕頭大學出版社

图书在版编目（CIP）数据

建筑电气设计与地基技术 / 贾永波，赵晓阳，张小燕主编. -- 汕头 : 汕头大学出版社，2021.5
ISBN 978-7-5658-4328-0

Ⅰ. ①建… Ⅱ. ①贾… ②赵… ③张… Ⅲ. ①房屋建筑设备－电气设备－建筑设计②电力工程－地基处理
Ⅳ. ①TU85②TM7

中国版本图书馆CIP数据核字(2021)第079188号

建筑电气设计与地基技术
JIANZHU DIANQI SHEJI YU DIJI JISHU

主　　编：贾永波　赵晓阳　张小燕
责任编辑：邹　峰
责任技编：黄东生
封面设计：姜乐瑶
出版发行：汕头大学出版社
　　　　　广东省汕头市大学路243号汕头大学校园内　邮政编码：515063
电　　话：0754-82904613
印　　刷：廊坊市海涛印刷有限公司
开　　本：710mm×1000 mm 1/16
印　　张：8
字　　数：135 千字
版　　次：2021 年 5 月第 1 版
印　　次：2022 年 5 月第 1 次印刷
定　　价：68.00 元
ISBN 978-7-5658-4328-0

编委会

主　编： 贾永波　赵晓阳　张小燕

副主编： 武银河　杨思文　孙明明

孙宗辉　钱洪伟　宋　华

李敬山　李　彦　黄志坚

前　言

本书简单介绍了建筑电气工程及地基处理基本知识；重点介绍了供配电一次系统及地基处理中的换填垫层法，以适应建筑电气设计与地基技术发展现状和趋势。

全书分为4章，包括建筑电气工程设计概述、供配电一次系统、地基处理概述、换填垫层法。本书突出了基本概念与基本原理，在编写时尝试多方面知识的融会贯通，注重知识层次递进，同时注重理论与实践的结合。

本书特点主要有以下几个方面：

（1）在编写上以培养读者的能力为主线，强调内容的针对性和实用性，体现“以能力为本位”的编写指导思想，突出实用性、应用性。

（2）层次分明，条理清晰，逻辑性强，讲解循序渐进。

（3）知识通俗化、简单化、实用化和专业化；叙述详尽，通俗易懂。

由于编者水平所限及本书带有一定的探索性，因此本书的体系可能还不尽合理，书中疏漏错误也在所难免，恳请读者和专家批评指正。在此对在本书编写过程中给予帮助的各位同志表示衷心感谢！

目 录

第一章　建筑电气工程设计概述

建筑电气是研究以电能、电气设备和电气技术为手段，创造维持和改善室内空间的电、光、热、声环境的一门学科。随着建筑电气技术的迅速发展和现代化建筑的出现，建筑电气所涉及的范围已由原来单一的供配电、照明、防雷和接地发展成为以近代物理学、电磁学、机械电子学、光学、声学等理论为基础的、应用于建筑工程领域的一门新兴学科，而且还在逐步应用新的数学和物理知识，结合电子计算机技术向综合应用的方向发展。现代化科学和技术的应用不仅可使建筑物的供配电系统、照明系统实现自动化，而且对建筑物的给水排水系统、空调制冷系统、自动消防系统、保安监视系统、通信及闭路电视系统、经营管理系统等实行最佳控制和最佳管理。因此，现代建筑电气已成为现代化建筑的一个重要标志。

第一节　建筑电气工程设计的组成与要求

一、建筑电气设计概述

（一）建筑电气设计概念

建筑物是人类在地球上就地建造的物体，是人类生产、生活和社交等的主要场所，是人类在地球上铸造的巨大财富，是人类文明发展的重要标志。从盘古时代的茅草屋到现代的巨型建筑物，都是人类发展的重要见证。建筑电气元素的引入是现代建筑与古建筑的根本区别。建筑电气是现代化建筑物一个极其重要的组成部分，是现代化建筑物安全、舒适、优质、经济运行的保证。没有建筑电气便没有现代化建筑物，可以说建筑电气是现代化建筑物的灵魂，没有建筑电气，建筑物是一个僵死的空壳，建筑电气使现代化建筑物朝气蓬勃，精彩夺目。所谓建筑电气是为建筑物服务的，包括建筑物内及其周围附属体电能的使用，所需的电气设备连接及其控制。随着建筑业的不断的发展，其相应的建筑技术和建筑电气技术也在蓬勃发展，反之又成为建筑业发展的推动力。建筑电气技术是建筑技术、电气技术、计算机技术、电子技术、通信技术和自动控制理论等发展起来的一门综合技术学科。

建筑电气分为强电和弱电两部分。强电包括高低压供配电系统、动力系统、照明系统、防雷接地系统、消防系统以及备用电源系统等。弱电包括强电部分的测量、监视、保护和控制系统、通信系统、有线电视系统、互联网宽带网系统、安全防盗监视系统、防火报警系统、建筑物内信息收集加工处理及其自动控制系统、物业管理及办公自动化系统和卫星信息传输系统等。

建筑电气的实现分为三个步骤：第一步是建筑电气设计，第二步是建筑电气施工建设，第三步是建筑电气的使用运行和维护。建筑电气设计是未来建筑物中建筑电气的一幅蓝图，是未来建筑物中建筑电气施工建设的依据，是未来建筑物中建筑电气使用运行的基础。建筑电气设计要充分考虑建筑物的使用功能，要选择优质电器产品，要合理布局，要考虑施工的方便，要考虑运行操作安全性和灵活性，要最大限度减少对环境的影响，要最大限度节省电能，尽量减少投资费用。

建筑电气分为民用建筑电气和工业建筑电气，有些工业建筑设计非常专业，要由专门的设计部门来完成。这里讨论的建筑电气更多地指民用建筑。

（二）建筑电气设计的任务

建筑工程电气设计分两个阶段，第一阶段为初步设计，第二阶段为施工设计。初步设计是进行设计方案比较，并与建筑工程其他专业进行协调，最后给出技术先进经济合理的最佳设计方案；施工设计是以初步设计方案为蓝本进行具体设计的，以施工图纸、设备清单和设计说明书的形式出现。

建筑电气设计一般包括下列内容：

1.供配电系统主接（结）线设计

这是电气设计的核心，也是初步设计的主要内容。主接线设计涉及下列部分：

（1）电力负荷计算。电气设计的任务是最大限度满足用电设备的需求，电力负荷是电气设计的依据。电力负荷计算准确与否，对于设计是否经济，设备是否安全运行起决定性作用。

（2）确定供电电源，电压等级和供电回路数。

（3）确定变压器台数和容量。

（4）高压进线设计，高压母线接线方式选择。

（5）低压母线接线方式选择。

（6）无功补偿容量计算及其设备选择。

（7）确定低压出线数。

（8）短路电流计算。计算各种可能的故障时短路电路的分布，为选择电气设备和继电保护整定计算做好准备。

2.电气设备选择

包括电力变压器、高低压开关柜、电力电缆，母线槽、开关设备、电压互感器、电流互感器和避雷器等。

3.变电所和配电所设计

确定变电所和配电所的位置和面积，这在初步设计时就要完成。施工设计要对变压器和开关柜的排列布置和安装、电缆沟、进出线电缆进行具体设计。

4.动力系统设计

一般建筑物都有生活水泵、消防水泵、中央空调、电梯和排水泵等，它们一般由低压配电所供电。动力系统设计包括动力电缆的选择、布置、走向、动力柜选择及其安装等。

5.照明系统设计

根据建筑物各空间对照明度的要求，进行照度计算、光电源和灯具选择、灯具造型、灯具布置及其安装、光源调控、照明线路和开关的布置安装、照明箱（柜）的选择和安装等。

6.防雷和接地设计

分析计算该建筑物受雷的情况，合理选择避雷设备和建筑物防雷类别，并对避雷设备布置和安装进行设计。根据工作接地和保护接地的具体要求，计算接地体的电阻，并给出接地体施工图和接地线的走向和连接布置图，包括等电位端子箱的连接和安装图等。

7.供配电系统二次系统设计

供配电系统二次系统设计包括一次设备的测量、信号、控制和继电保护及自动化装置的选择和整定计算。

8.消防设计

火灾自动警报系统的选择及其布置和安装，自动启动防排烟和灭火装置等联动设备的选择和安装等。

9.信息系统设计

建筑物与外界联系主要通过下列手段，有线电话、互联网的宽带网、有线电视和卫星接送系统等。这些设备的选择是由有关专业选定，在建筑物内部的布局和连接由建筑电气设计人员完成。

10.备用电源设计

重要建筑物一般采用双电源供电。对于特别重要的建筑物还要安装紧急备用电源，多数采用柴油发电机组。在初步设计时就要预留柴油发电机组的工作间，要选择发电机的容量、型号等；在施工设计时，要确定柴油发电机组与低压配电装置的连接方式，绘制柴油发电机组和控制屏的安装图及其连接线路的走向和安装等。

11.楼宇自动化设计

楼宇自动化一般包括下列部分：

（1）安全自动化系统。人员财物出入控制、防盗报警、电视监控、电子巡更和停车场监控等。

（2）火灾自动报警控制系统。

（3）建筑设备自动监视控制系统。给排水监控、空调监控、照明监控、电梯监控、高低压配电设备监控和应急电源控制等。

（4）办公自动化系统。

（5）通信自动化系统。

建筑电气设计对楼宇自动化设计的任务是选择自动化装置的类型，确定自动化控制中心的工作间，自动化设备的布置，安装及其连接等。

（三）电力系统

建筑电气是大电力系统的末端，是电力系统的负荷。要搞好建筑电气设计必须了解大电力系统的一些基本情况和特性，才能做到知其然，又知其所以然。所以这里要介绍一些电力系统的基本情况和特性。

电力系统是由发电、输变电、配电和用电等设备以及相应辅助系统，按规定的技术和经济要求组成的，将一次能源转换为电能，并输送到电力用户的一个复杂的、可控的统一系统。

电力系统的主要设备称为一次设备，由主设备及其相连的系统称为一次系统，一次系统是电能载体。电力系统的辅助系统称为二次系统，相关的设备称为二次设备，包括测量、控制、信号回路、继电保护装置、安全自动装置、调度控制与自动化装置和通信系统等。二次系统是保障一次系统安全可靠、优质、高效运行必不可少的系统。

电力网是由变压器、输电线路、电力电抗器和电力电容器等元件连接而成的，承担电能输送和分配任务的网络。

现代化电力系统电能形态普遍采用三相正弦交流电。但有的输送环节采用直流电，称为直流输电系统。

在我国电力部门通常将电力系统俗称电网，这与学术上的电网有所区别，例如东北电力系统就简称为东北电网。

1.电能的特点及对电力系统的要求

电能作为一种商品，与其他商品有所区别。它的生产、输送和消费有如下特点：

（1）与国民经济各部门息息相关，与人们生活关系密切

由于电能容易转换为热能、光能、机械能和化学能等，已成为人们首选的能源形态。现在任何部门，任何个人都离不开电能，是人们生活的必需品。

（2）电能不能大量储存，电能供销是同时进行的

目前电力部门还不能将电能大量储存起来，电力用户任何部门和个人都不能把电能囤积起来，所以容易产生供不应求的问题。

（3）电力系统工况变化非常迅速

电能需求的变化几乎是瞬间完成的。电力设备的操作，故障发生，系统从一种运行状态转换到另一种运行状态都是在极短的时间内完成的。

（4）电力用户对电能的质量要求严格

电力用户设备都是按额定条件进行设计的，当运行电压、频率、波形和三相不对称度偏离额定值时，就会降低设备的效率和寿命，严重时会产生废品，损坏设备，影响电力系统自身安全运行，甚至造成大面积停电。

（5）电能是一种看不见，摸不得的商品

如果管理、操作和使用不当，将会危害人身和设备的安全。

根据上述特点，对电力系统运行提出如下要求：

（1）保证安全可靠供电

中断供电会造成企业生产停顿，人们生活和社会秩序混乱，甚至危及人身和设备安全。保证安全、持续供电是电力系统运行的首要任务。为了安全、不间断供电，电力管理部门和用户必须采取措施以防止事故发生和扩大，例如严密监视电力设备的运行状态，及时维修设备，不断提高运行人员的素质，避免人为事故；必须配备足够的有功和无功电源，完善电网结构，采取提高系统稳定运行措施，提高系统自动化水平。

（2）提供合格的电能

电能质量指标有电压、频率、波形和三相对称度四项。

电压质量指标有电压偏差、电压波动和电压闪变等。我国有关电能质量规程对此都有详细规定。例如35kV及其以上的电网电压正负偏差总和不超过10%，10kV电网电压偏差不超过正负7%，220V电压正偏差不超过7%，负偏差不超过10%。电压波动会影响负荷的正常运行，造成产品报废等，电压快速波动会变成电压闪变，电压闪变会影响人的视力，降低工作效率，降低产品质量。因此防止电压闪变是电力部门必须重视的问题。电压波动和闪变是波动性负荷引起的，例如电弧炉、绞车、轧机、电焊机、频繁启动的电动机、粉碎机等都是波动性负荷。如何判别电压闪变，现尚无统一的标准。这是因为闪变与多种因素有关，这些因素有：电压波动的大小、频度（频率的两倍）和电压的波形以及人的视觉敏感度，电气设备的敏感度。白炽灯是对闪变最敏感的电气设备，可作为电压波动是否闪变的依据。人的视觉敏感度是以50%感到不舒服为依据的。因此国际电工标准规定：稳态的电压波动不超过3%，持续时间不应超过200ms。最大电压波动不超过4%。防止电压闪变的最好方法是防止电压的波动，电压变化与无功功率平衡关系密切，因此及时调节无功功率的平衡是防止电压波动的最好方法。

我国额定频率为50Hz，正常运行要求不超过正负0.2Hz，事故时要求不超过正负0.5Hz，时钟日累积误差不超过1min。

波形质量指标用电压总谐波畸变率和各次谐波电压含有率表示，我国有关电能质量规程对此都有详细规定。

三相不对称度质量指标一般用不平衡度表示，即负序分量对正序分量比值的百分数。电压不平衡度正常运行时不超过2%，短时不超过4%。三相不对称是由于三相负荷不对称，单相负荷（电力机车），三相阻抗不对称等引起的。三相不对称的后果是：增加旋转电机的震动、噪声和损耗，增加电网的损耗，产生谐波，引起继电保护装置误动作，影响用电设备的正常工作，降低生产效率，干扰附近的通信设备的正常工作。改善三相不对称的办法有：架空线路进行整换位，尽量使三相负荷平衡，电气机车各相负荷尽量分配一样。三相不对称度是对稳态运行而言的，其实还有短时三相不对称，如不对称短路，三相断路器合（分）闸不同时，输电线路的单相自动重合闸过程等，这些会对继电保护装置和自动化装置产生影响。

（3）提高系统运行的经济性

为了提高运行的经济性，必须尽量降低发电厂的煤耗率（水耗率）、厂用电率、电力网损耗率；淘汰小容量机组，采用大容量机组；实现经济调度；发展新能源。

（4）符合环保要求

火电厂排出的废气（氧化硫、氧化氮、二氧化碳等）和废水、废渣将污染周围环境。为了保护环境，必须限制其排放量。为此有时就要限制火电厂的出力，甚至关闭某些火电厂。电力系统产生的电磁辐射，噪声也会影响周围环境，也要加以限制。积极稳妥发展水电和核电。大力利用太阳能发电和风力发电。

安全可靠、优质、高效是电力系统运行的目标，也是建筑电气设计的目标。

2.电力系统额定电压、电力网络接线方式和中性点接地方式

（1）电压等级

当输电线导线选定时，其允许输送的电流也是确定的，因此电压越高，允

许输送的功率越大。当输送功率一定时，输送距离也受到限制。因为输送距离越长，输电线路功率损耗越大，电压降落也越大。一般功率损耗不得超过输送功率的10%，电压损耗也不得超过额定电压的10%。由此可见，一定的电压等级对应一定的输送功率和距离。为了满足不同输送功率和距离的需要，应设置不同的电压等级。但电压等级太多，不仅给电力设备制造部门造成不便，也给电力运行部门造成许多麻烦，不利于电力工业的发展。因此各国根据各自的国情制定了一系列的标准电压等级，也称额定电压。我国现有电压等级（其数值是线电压的有效值）如下：

电网额定电压：0.38kV、3kV、6kV、10kV、35kV、110kV、220kV、330kV、500kV、750kV和1000kV。有些电压等级，例如66kV和154kV已被淘汰，有些电压等级，例如3kV和6kV使用范围很小。110kV及其以上的电压等级适用输电系统；35kV及其以下的电压等级适用配电系统。有些负荷密度极高的地方也将110kV，甚至220kV的电压等级作为配电系统。

发电机额定电压：高于电网额定电压的5%。有3.15kV、6.3kV和10.5kV。由于制造需要，有些发电机的额定电压不是国家标准，例如13.8kV、15.75kV等。

变压器额定电压：升压变压器一次侧与发电机相连，其额定电压与发电机额定电压一样。降压变压器一次侧与电力网相连，其额定电压与电网额定电压一样。变压器的二次侧的额定电压高于电网额定电压5%或10%。

用电设备额定电压：等于电网额定电压。有0.38kV、3kV、6kV、10kV。用电设备额定电压220V是0.38kV电网的相电压。

电网额定电压级差应超过低级电压的两倍以上较为合理。当负荷阻抗z恒定时，输送功率与电压的平方成正比，如果电压级差小，那么输送功率也增加不多。例如，电压等级为110kV、220kV、500kV时，如果增加330kV就不合适。现有330kV、750kV的电压等级只限我国西北电力系统使用。我国发展更高电压等级为1000kV，已投入商业运行，并逐步形成为主电网。

目前世界上最高电压等级为俄罗斯1150kV，作为试验运行。一般将400kV～1000kV称为超高压，1000kV以上称为特高压。

（2）电力网接线方式

任何一个电力系统的接线方式都是十分复杂的，但都是由一些简单的接线系统组成的。这些系统可分为无备用接线方式和有备用接线方式两大类。

无备用接线方式主要优点是简单、经济、运行方便，主要缺点是供电可靠性差，适用于不重要的负荷和配电网，这种接线方式有：

放射式：由电源（电厂或变电站）用单条线路向一个较大的负荷点供电。

链式：由电源用单条线路连接至下一个变电站的母线，再由该变电站的母线用单条线路连接至下一个变电站的母线，依此类推。后面线路故障只影响后面负荷供电，不影响前面变电站的供电。

干线式：由电源用单条线路连接至下一个变电站的母线，由该变电站放射式向几个负荷供电，其中有一条线路向下一个变电站供电，依此类推。

T型：由电源用单条线路向多个小负荷供电，也称树干式。

有备用接线方式主要优点是供电可靠性高。主要缺点是投资较大，适用于较重要的负荷和高压输电网。这种接线方式有：

双回路：由电源（电厂或变电站）用两条线路向一个较大的负荷点供电，或与下一个变电站连接。包括双回路链式，双回路干式。

双电源：由两个电源向一个负荷供电。

环式：由几个电厂和几个变电站经输电线路相互连接成一个闭环。有单回环网，双回环网，单回双回混合环网，电磁环网（高低压环网）。在实际运行中，尽量避免电磁环网。

3.电力系统中性点接线方式

三相系统中星型接线的变压器或发电机的中性点与地之间连接方式分为两大类。一类称为大电流接地方式，这种中性点接地方式当三相系统中一相接地短路时，相当电源一相绕组被短接，其短路电流很大，必须快速隔离故障部分，否则将造成相关设备损坏，影响相关部分的正常供电，严重时威胁全系统安全稳定。这是因为切除部分供电设备，将影响供电的可靠性。大电流接地方式分为直接接地和经小阻抗接地两种。另一类称为小电流接地方式，这种中性点接地方式当三相系统中一相接地短路时，其短路电流（线路电容电流）很小，一般不会影响正常运行，允许再连续运行2h。相对而言，小电流接地方式供电可靠性较高。小电流接地方式分为不接地和经大阻抗接地两种。大阻抗分为大电抗和大电阻。大电抗接地装置称为消弧线圈。

大电流接地方式的缺点是供电可靠性差。它的优点是当发生单相接地时，非故障相与地之间承受的电压是相电压，对绝缘要求较低，其相应投资较小。

小电流接地方式的优点是供电可靠性高。但也有它的缺点，当发生单相接地时，非故障相与地之间承受的电压是线电压，对绝缘要求较高，其相应投资较大。

对于电压等级较低的电网，其绝缘投资比例相对较少，相电压与线电压的投资相差不大，所以一般采用小电流接地方式。

对于电压等级较高的电网，其绝缘投资比例相对较大，相电压与线电压的投资相差较大，所以一般采用大电流接地方式。除了经济上的原因外，还有一个技术上的问题。

单相接地的短路电流与电压成正比，也与对地电容成正比。当接地短路电流大到一定程度时，接地点的电弧就不能自行熄灭，还会引起弧光接地过电压，甚至发展成严重的系统事故。因此我国对小电流接地方式的各级电网发生单相接地的接地电流加以限制，3～6kV电网不得超过30A；10kV电网不得超过20A；35kV电网不得超过10A。当超过规定值时，中性点应加装消弧线圈。

对于电压等级较高的电网，由于电压高，且输送距离长，相应的对地电容大，所以当采用小电流接地方式时，发生单相接地的接地电流也就大，即使加装消弧线圈，也无法将接地电流降低到允许值之内。从技术上来看，电压等级较高的电网非采用大电流接地方式不可。

我国35kV及其以下的电网大多采用小电流接地方式，110kV及其以上的电网大多采用大电流接地方式。

二、建筑电气工程设计的组成

利用电工学和电子学的理论与技术，在建筑物内部人为创造并合理保持理想的环境，以充分发挥建筑物功能的一切电工设备、电子设备和系统，称为建筑电气设备。而建筑电气设备从广义上讲包括工业与民用建筑电气设备两方面。概括地说，建筑电气设计的内容可以分为两大部分。

（一）照明与动力（“强电”系统）

照明与动力包括照明供配电、建筑设备控制、防雷、接地等设备。这部分中照明、供配电、防雷、接地是传统的设计内容。随着建筑现代化程度的提高以及建筑向高空发展，对建筑设备的控制要求越来越高，因此控制内容也越来越复杂。

（二）通信与自动控制（“弱电”系统）

这部分含有电话、广播、电视、空调自控、计算机网络、火灾报警与消防联动、机电设备自控等系统。其中电话、广播、电视是传统的设计内容。计算机网络及各种自动控制系统等属新增的内容。它们是体现建筑现代化的重要组成部分，尤其是高层建筑所必不可少的装备。

随着经济和技术的发展，建筑物的智能化使“强电”和“弱电”的关系愈来愈紧密。由于电气设计的内容愈来愈多、技术愈来愈新，作为建筑电气设计者，除了具有扎实的基本专业理论外，还要随时注意新设备、新工艺、新技术的出现，以便在工程设计中应用。一般来说，建筑物是“百年大计”，其中的电气设备虽不可能考虑在百年，但也应该在相当一段长时间内能适应建筑功能的需要，并保证以后能在不影响建筑结构安全和不大量损坏建筑装修的情况下，改造或增加电气设施。

为了使读者对建筑电气设计、施工及验收中的“强电”和“弱电”两部分内容有较全面的认识，现将它们所包含的系统和各系统所包括的内容列表，见表1-1所示。

表1-1　建筑电气设计、施工及验收项目

弱电系统	室外电气	架空线路及杆上电气设备安装，变压器、箱式变电所安装，成套配电柜（箱）和动力、照明配电箱（盘）及控制柜（屏、台）安装，电线、电缆导管和线缆敷设，电线、电缆穿管和线棟敷线，电缆头制作、导线连接和线路电气试验，建筑物外部装饰灯具、航空障碍灯和庭院路灯安装，建筑照明通电试运行，接地装置安装。
	变配电所	变压器箱式变电所安装，成套配电柜（箱）和动力、照明配电箱及控制柜（屏、台）安装裸母线封闭母线插接式母线安装，电缆沟内和电缆竖井内电缆敷设，导线连接和线路电气试验，接地装置安装，避雷引下线和变配电室接地干线敷设。

续表

弱电系统	电气动力	成套配电柜（箱）和动力、照明配电箱（盘）及控制柜（屏、台）安装，电动机、电加热器及电动执行机构检查、接线，低压电气动力设备检测、试验和空载运行，桥架安装和桥架内电缆敷设，电线、电缆导管和线槽敷设，电线、电缆穿管和线槽敷线，电缆头制作、导线连接和线路电气试验，插座、开关、风扇安装。
	备用和不间断电源安装	成套配电柜（箱）和动力、照明配电箱（盘）及控制柜（屏、台）安装，柴油发电机组安装，蓄电池组安装，不间断电源的其他功能单元安装，裸母线、封闭母线插接式母线安装，电线、电缆导管和线槽敷设，电缆头制作、导线连接和线路电气试验。
	防雷和接地安装	接地装置安装，防雷引下线和变配电室接地干线敷设，建筑物等电位连接，接闪器安装。
弱电系统	建筑物设备自动化系统	暖通空调及冷热源监控系统安装，供配电照明、动力及备用电源监控系统安装，卫生、给排水污水监控系统安装，其他建筑设备监控系统安装。
	火灾报警与消防联动系统	火灾自动报警系统安装，防火排烟设备联动控制安装，气体灭火设备联动控制系统安装，消防专用通信安装，事故广播系统、应急照明系统安装、安全门、防火门或防火水幕控制系统安装，电源和接地系统调试。
	建筑物保安监控系统	闭路电视监控系统、防盗报警系统、保安门禁系统、巡查监控系统安装，线路敷设，电源和接地系统调试。
	建筑物通信自动化系统	电话通信和语音留言系统、卫星通信和有线电视广播系统、计算机网络和多媒体系统、大屏幕显示系统安装，线路敷设，电源和接地系统安装，系统调试。
	建筑物办公自动化系统	电视电话会议系统、语音远程会议系统、电子邮件系统、计算机网络安装，线路敷设，电源和接地安装，系统调试。
	广播音响系统	公共广播和背景音乐系统及音响设备安装线路敷设，电源和接地安装，系统调试。
	综合布线系统	信息插座、插座盒、适配器安装，跳线架、双绞线、光纤安装和敷设，大对数电缆馈线、光缆安装和敷设，管道、直埋铜缆或光缆敷设，防雷、浪涌电压装置安装，系统调试。

三、对建筑电气工程设计的要求

民用建筑工程一般分为方案设计、初步设计和施工图设计三个阶段。对于技术要求相对简单的民用建筑工程，经有关部门同意，且合同中没有做初步设计的约定，可在方案设计审批后直接进入施工图设计。这是因为民用建筑工程的方案设计文件用于办理工程建设的有关手续，施工图设计文件用于施工，都是必不可少的；初步设计文件用于审批（包括政府主管部门和/或建设单位对初步设计文件的审批），若无审批要求，初步设计文件就无出图的必要。因此，对于无审批要求的建筑工程，经有关部门同意，且合同中有不做初步设计的约定，可在方案设计审批后直接进入施工图设计。

建筑电气设计包括以往通称的“强电”“弱电”设计内容，也包括“建筑智能化系统”的设计内容。我国实行的“建筑电气注册工程师”制度无“强电”“弱电”之分，故现统称为建筑电气。

要做好一项建筑设计，必须先了解建设单位的需求及其提供的设计资料，必要时还要了解电气设备使用情况。完工后的建筑工程总是交付建设单位使用，满足建设单位的使用需要是设计的最根本目的。当然，不能盲目地去满足，而是在客观条件许可之下恰如其分地去实现。因此，在设计中应进行多方案的比较，选出技术、经济合理的方案付诸设计和施工。

设计是用图纸表达的产品，尚须由施工单位去建设工程实体。因此，设计方案能否满足施工是一个很重要的问题，否则仅是“纸上谈兵”而已。一般来说设计者应掌握电气施工工艺，起码应了解各种安装过程，以使图纸能够有指导作用。

由于电气装置使用的能源和信息是来自市政设施的不同系统，因此，在开始进行设计方案构想时，就应考虑到能源和信息输入的可能性及具体措施。与这方面有关的设施是供电网络、通信网络和消防报警网络等，相应地就要和供电、电信和消防等部门进行业务联系。

“安全用电”在建筑设计中是个特别重要的问题。为此，在设计中考虑多种安全用电设施是非常必要的，同时还要保证建筑电气设计的内容完全符合电气的规程、规定。在这方面，当地供电、电信和消防等部门不但是能源和信息的供应单位，而且还是“安全用电”和“防火报警”的管理部门。建筑电气设计的关键经过这些部门的审查方能施工与验收。建筑电气是建筑工程的一部分，它相当于人体的“神经系统”，与其本体不可分割，而且与其他系统纵横交错、休戚相关。一栋具备完善功能的建筑物与人一样，也应该是土建及水、暖电等系统所组成的统一体。因此，一个完善的建筑设计是各专业密切协调下的产物。建筑电气的设计必须与建筑协调一致，按照建筑物格局进行布置，同时要不影响结构的安全，在结构安全的许可范围内“穿墙越户”。建筑电气设备与建筑设备“争夺地盘”的矛盾特别多，为此，要像人体一样各行其道，那就是与设备专业协调“划分地盘”。如在走廊内敷设干线、干管时，设计中应先约定电气线槽与设备干管各沿走廊的一侧敷设，并协商好相互跨越时的高度。

总之，各专业在设计中要协调好，要认真进行专业间的校对，否则容易造成返工和损失建筑功能。

“建筑电气工程设计”是一门专业基础课。学习本课程的目的是掌握建筑电气工程设计的基本知识，掌握一般建筑电气工程设计的原则和方法，并具有综合考虑和合理处理各种建筑设备和建筑主体与建筑电气之间关系的能力，从而做出适用的、经济的建筑电气工程设计。此外，在领会本学科基本原理的基础上，应当加强设计和施工的实践，以完整地掌握建筑电气工程技术。

第二节　建筑电气工程建设流程

一、建筑电气设计施工流程

一般建筑工程分为设计、施工和竣工验收三个阶段，同样，作为建筑工程一部分的建筑电气工程也分为这样三部分。

二、建筑电气工程设计的基本步骤

建筑电气设计是为了实现建筑电气在维持建筑内环境稳态，保持建筑完整统一性及其外环境的协调平衡中的主导作用。建筑电气工程设计的基本步骤为：

（1）了解建筑功能对电气设计的要求；

（2）根据要求确定设计内容；

（3）根据不同内容进行各自的初步设计；

（4）根据审批后的初步设计进行施工图设计；

（5）进行施工交底，解决施工中出现的问题；

（6）施工验收，以保证施工能达到设计要求；

（7）定期进行回访，总结经验教训，不断提高设计水平。

建筑电气工程设计分为5个阶段。

（一）设计方案阶段

（1）了解建筑对象，包含地理位置、就近资源、层数、层高、结构、使用类型、建筑、结构、水暖专业要求等。

（2）了解建设方意图和基本要求，包含经济状况、适用人群、生活习惯规律、设计合同中建设方要求等。

（3）确定编制依据，包含设计级别、依据的规范和标准（重点是防雷、接地、安全、消防等）、特殊的电气要求等。

（4）制定设计方案，针对不同的侧重点、不同的经济标准、不同的容量标准等制定多个方案。

（5）对不同的方案进行经济指标、舒适指标、容量指标的对比，征询建设方意见，确定最终方案。

（6）编制设计方案阶段电气设计说明。

（二）初步设计阶段

（1）详细分析设计方案以及建设方、土建水暖专业的要求。

（2）确定细部操作的规范标准以及其他依据。

（3）对设计方案进行细化，进行初步布线。

（4）结合建设方意见，初步确定各种电器、设施、器件的布置。

（5）编制多个细部方案，进行初步设计预算。

（6）按照多方面指标，在建设方参与下确定最佳方案。

（7）编制初步电气设计文件。

（三）施工图设计阶段

（1）会合建设方、土建、水暖专业，对初步设计文件进行交底确认，提出一些新的具体要求。

（2）确定最终设计依据，编制设计规范、标准说明。

（3）对各部位进行详细计算、对照，在设计依据以及初步设计文件指导下进行施工图设计。

（4）对施工图进行自审，分项分步审核，重点是规范、标准执行情况，专业之间交叉情况等。

（5）编制施工图设计文件。

（四）施工跟踪阶段

及时了解建设方及施工方的反馈意见，对原设计进行合理的变更和技术交底，对于有争议的地方给予合理的解释和答复；要注意不能为迁就建设方而违背规范要求，要贯彻以人为本的原则。

（五）综合分析总结阶段

施工结束后，适时了解使用者的看法和意见，总结整个设计的优缺点，总结当前使用者的实际需求水平，以有效指导未来的设计。

第三节　建筑电气工程设计需收集的技术资料

除工程建设项目委托文件和专管部门审批文件、有关协议书以外，还需要收集以下技术资料。

一、自然资料

（1）工程建设项目所在地的海拔高度、地震烈度、环境温度、最大日温差。

（2）工程建设项目所在地的最大冻土深度。

（3）工程建设项目所在地的夏季气压、气温（月平均最高、最低）。

（4）工程建设项目所在地区的地形、地物情况（如相邻建筑物的高度）、气象条件（如雷暴日）和地质条件（如土壤电阻率）。

（5）工程建设项目所在地的相对温度（月平均最冷、最热）。

二、电源现状

（1）工程建设项目所在地的电气主管部门规划和设计规定。

（2）市政供电电源的电压等级、回路数及距离。

（3）供电电源的可靠性。

（4）供电系统的短路容量。

（5）供电电源的进线方式、位置、标高。

（6）供电电源质量。

（7）电力计费情况。

三、电信线路现状

（1）工程建设项目所在地电信主管部门的规划和设计规定。

（2）市政电信线路与工程建设项目的接口地点。

（3）市政电话引入线的方式、位置、标高。

四、有线电视现状

（1）市政建设项目所在地有线电视主管部门的规划和设计规定。

（2）市政有线电视线路与工程建设项目的接口地点。

（3）市政有线电视引入线的方式、位置、标高。

五、其他

（1）工程建设项目所在地常用电气设备的电压等级。

（2）当地对电气设备的供应情况。

（3）当地对各电气系统的有关规定、地区性标准和通用图等。

第四节　建筑电气工程设计各阶段与相关专业的配合

一、方案设计阶段

（一）建筑专业

1.向建筑专业获取资料

（1）建设单位委托设计内容，建筑物位置、规模、性质、标准，建筑高度、层数，建筑面积等主要技术参数和指标以及主要平、立、剖平面。

（2）市政外网情况（包括电源、电信、电视等）。

（3）主要设备机房布置（包括冷冻机房、变配电机房、水泵房、锅炉房、消防控制室等）。

2.向建筑专业提供资料

（1）主要电气机房面积、位置、层高及其对环境的要求。

（2）主要电气系统路由及竖井位置。

（3）大型电气设备的运输通路。

（二）结构专业

1.向结构专业获取资料

（1）主体结构形式。

（2）剪力墙、承重墙布置图。

（3）伸缩缝、沉降缝位置。

2.向结构专业提供资料

（1）变电所位置。

（2）大型电气设备的运输通路。

（三）设备专业

1.向设备专业获取资料

（1）冷冻机房的位置、用电量、制冷方式（电动压缩机或直燃式机）。

（2）空调方式（集中式或分散式）。

（3）水泵种类及用电量。

（4）锅炉房的位置、用电量。

（5）其他设备的性质及用电量。

2.向设备专业提供资料

（1）柴油发电机容量。

（2）变压器的数量和容量。

（3）主要电气机房对环境温、湿度的要求。

（4）主要设备机房的消防要求。

（5）电气设备用房用水点。

二、初步设计阶段

（一）建筑专业

1.向建筑专业获取资料

（1）建设单位委托设计内容、方案审查意见表和审定通知书，建筑物位置规模、性质、用途标准，建筑高度、层高、建筑面积等主要技术参数和指标，建筑使用年限，耐火等级，抗震级别，建筑材料。

（2）人防工程、防化等级、战时用途等。

（3）总平面位置、建筑物的平、立、剖面图及建筑做法（包括楼板及垫层厚度）。

（4）吊顶位置高度及做法。

（5）各设备机房、竖井位置、尺寸（包括变配电所、冷冻机房、水泵房等）。

（6）防火分区的划分。

（7）电梯类型（普通电梯或消防电梯、有机房电梯或无机房电梯）。

2.向建筑专业提供资料

（1）变电所位置及平、剖面图（包括设备布置图）。

（2）柴油发电机房的位置、面积、层高。

（3）电气竖井位置、面积等要求。

（4）主要配电点位置。

（5）各弱电机房位置、层高、面积等要求。

（6）强弱电进出线位置及标高。

（7）大型电气设备运输通路的要求。

（8）电气引入线做法。

（9）总平面图中人孔、手孔的位置及尺寸。

（二）结构专业

1.向结构专业获取资料

（1）主体结构形式。

（2）基础形式。

（3）楼板厚度及梁的高度。

（4）梁板布置图。

（5）伸缩缝、沉降缝位置。

（6）剪力墙、承重墙布置图。

2.向结构专业提供资料

（1）大型设备的位置。

（2）剪力墙上的大型孔洞（如门洞、大型设备运输预留洞等）。

（三）设备专业

1.向设备专业获取资料

（1）冷冻机房及控制（值班）室的设备平面图；冷冻机组的台数、每台机组电压等级、电功率、位置及控制要求；冷冻泵、冷却水泵或其他有关水泵的台数、电功率、位置及控制要求。

（2）各类风机房（空调风机、新风机、排风机、补风机、排烟风机、正压送风机等）的位置、容量、供电及控制要求。

（3）锅炉房的设备位置及用电量。

（4）电动排烟口、正压送风口、电动阀的位置。

（5）其他设备用电性质及容量。

（6）各类水泵台数、用途、容量、位置、电动机种类及控制要求。

（7）各场所的消防灭火形式及控制要求。

（8）消火栓位置。

（9）冷却塔风机容量、台数、位置。

（10）各种水箱、水池的位置，液位计的型号、位置及控制要求。

（11）水流指示器、检修阀及水力报警阀、放气阀等位置。

（12）各种用电设备（电伴热、电热水器等）的位置、用电容量、相数等。

（13）各种水处理设备所需电量及控制要求。

2.向设备专业提供资料

（1）柴油发电机的容量。

（2）变压器的容量和台数。

（3）冷冻机房控制室位置、面积及环境、消防要求。

（4）主要电气机房对环境、湿度的要求。

（5）主要电气设备的发热量。

（6）主要设备机房的消防要求。

（7）水泵配电控制室的位置、面积。

（8）电气设备用房用水点。

（四）向概、预算专业提供资料

（1）设计说明及主要设备、材料表。

（2）电气系统图及平面图。

三、施工图设计阶段

（一）建筑专业

1.向建筑专业获取资料

（1）建设单位委托设计内容、初步设计审查意见表和审定通知书，建筑物位置、规模、性质、用途标准，建筑高度、层高、建筑面积等主要技术参数和指标，建筑使用年限，耐火等级，抗震等级，建筑材料等。

（2）人防工程、防化等级、战时用途等。

（3）总平面位置，建筑平、立、剖面图及尺寸（承重墙填充墙）和建筑做法。

（4）吊顶平面图及吊顶高度做法，楼板厚度及做法。

（5）二次装修部位平面图。

（6）防火分区平面图，卷帘门、防火门形式及位置，各防火分区疏散方向。

（7）沉降缝、伸缩缝位置。

（8）各设备机房、竖井位置及尺寸。

（9）室内外高差（标高）、周围环境、地下室外墙及基础防水做法、污水坑位置。

（10）电梯类型（普通电梯或消防电梯，有机房电梯或无机房电梯）。

2.向建筑专业提供资料

（1）变配电所位置、房间划分、尺寸标高及设备布置图。

（2）变电所地沟或夹层平面布置图。

（3）柴油发电机房的平面布置图及剖面图、储油间位置及防火要求。

（4）变配电设备预埋件。

（5）电气通路上预留洞位置、尺寸、标高。

（6）特殊场所的维护通道（马道、爬梯等）。

（7）各电气设备机房的建筑做法及对环境的要求。

（8）电气竖井的建筑做法要求。

（9）设备运输通道的要求（包括吊装孔、吊钩等）。

（10）控制室配电间的位置、尺寸、层高、建筑做法及对环境的要求。

（11）总平面图中人孔、手孔位置及尺寸。

（二）结构专业

1.向结构专业获取资料

（1）柱子、圈梁、基础等的主要尺寸及构造形式。

（2）梁、板、柱、墙布置图及楼板厚度。

（3）护坡桩、锚杆形式。

（4）基础板形式。

（5）剪力墙、承重墙布置图。

（6）伸缩缝、沉降缝位置。

2.向结构专业提供资料

（1）地沟、夹层的位置及结构做法。

（2）剪力墙留洞位置、尺寸。

（3）进出线预留洞位置、尺寸。

（4）防雷引下线、接地及等电位连接位置。

（5）机房、竖井预留的楼板孔洞的位置及尺寸。

（6）变电所及各弱电机房荷载要求。

（7）设备基础、吊装及运输通道的荷载要求。

（8）微波天线、卫星天线的位置及荷载与风荷载的要求。

（9）所用结构内钢筋的规格、位置及要求。

（三）设备专业

1.向设备专业获取资料

（1）所有用电设备（含控制设备、送风阀、排烟阀、温湿度控制点、电动阀、电磁阀、电压等级及相数、风机盘管、诱导风机、风幕、分体空调等）的平面位置，并标出设备的编（代）号、电功率及控制要求。

（2）电采暖用电容量位置（包括地热电缆、电暖气等）。

（3）电动排烟口、正压送风口、电动阀位置及其所对应的风机及控制要求。

（4）各用电设备的控制要求（包括排风机、送风机、补风机、空调机组、新风机组、排烟风机、正压送风机等）。

（5）锅炉房的设备布置、用电量及控制要求等。

（6）各种水泵、冷却塔设备布置图及工艺编号、设备名称、型号、外形尺寸、电动机型号、设备电压、用电容量及控制要求等。

（7）电动阀容量、位置及控制要求。

（8）水力报警阀、水流指示器检修阀、消火栓的位置及控制要求。

（9）各种水箱、水池的位置，液位计的型号、位置及控制要求。

（10）变频调速水泵容量控制柜位置及控制要求。

（11）各场所的消防灭火形式及控制要求。

（12）消火栓箱的位置布置图。

2.向设备专业提供资料

（1）冷冻机房控制室位置面积及对环境、消防要求。

（2）空调机房、风机房控制箱的位置。

（3）空调机房、冷冻机房电缆桥架的位置、高度。

（4）对空调有要求的房间内的发热设备的用电量（如变压器、电动机、照明设备等）。

（5）各电气设备机房对环境温、湿度的要求。

（6）柴油发电机容量。

（7）室内储油间、室外储油库的储油容量。

（8）主要电气设备的发热量。

（9）变电所及电气用房的用水、排水及消防要求。

（10）水泵房配电控制室的位置、面积。

（11）柴油发电机房用水要求。

（四）向概、预算专业提供资料

（1）设计说明及主要设备材料表。

（2）电气系统图及平面图。

第五节　智能化建筑的规划和设计

智能建筑和一般建筑不同的地方是，除了有一般的电力供应给排水、空气调节、采暖、通风等设施外，还应具有较好的信息处理及自动控制能力。

现代智能建筑主要由三大系统组成：通信系统（Telecommunications System，TCS）、办公自动化系统（Office Automation System，OAS）、建筑自动化系统（Building Automation System，BAS）。这三个系统中又包含各自的子系统。应该注意，这几个系统是一个综合性的整体，而不是过去那样分散的没有联系的系统。

一、智能化建筑的建设程序

智能化建筑的建设基本程序如下。

（1）提出设计任务。建设方或工程咨询单位按照需求提出设计任务。

（2）可行性分析与研究。设计人员了解建设方和用户需求，确立总体规划思想与智能化系统的框架。智能化建筑的功能及其综合程度，随着环境的变化、侧重点的不同形态各异，设计人员通过需求论证，确立智能化需求方案，进行可行性分析与研究。

（3）初步设计。在需求方案基础上完成初步设计，并充分利用计算机技术、通信技术、自动化技术等交叉技术进行系统设计。在进行系统设计时，应为建筑物将来的发展留有余地。在进行系统设计时，应进行充分的市场调查，掌握当前技术发展趋势。

（4）设备招标。编制招标文件，进行系统设计和设备招标。通过招标，努力实现较高的性能价格比。

（5）深化设计。在设备招标完成以后，还应按照实际设备配置，细心设计，实现各项专门技术的最优化。

（6）施工设计。确认建筑智能化系统设计的整体性能，提供施工设计。

（7）施工管理。编制施工计划，施工管理，系统调试、试运行。

（8）竣工验收。通过测试对整体系统验收及综合评价。

（9）系统投入运行。进行日常维护、管理。

二、智能化建筑工程的设计管理

建筑智能化系统设计工作的管理要点如下。

（1）智能化建筑的设计由国务院建设行政主管部门统一管理。各省、自治区、直辖市建设行政主管部门和国务院有关专业部门负责本地区、本部门建筑智能化和系统工程设计的具体工作。

（2）建筑智能化系统工程设计工作的主要内容有：建设单位对智能化系统工程建设的要求，进行专项的咨询和可行性研究以及系统设计和设备选型，提出工程施工要求；对系统集成商所做深化系统设计进行指导、协调和监督；参与系统的试运行和验收。

（3）建筑智能化系统工程设计应由该建筑物或建筑群的工程设计单位总体负责。鉴于智能化系统的先进性、复杂性，此类建筑工程的设计工作，必须由有甲级设计资格或专项设计资格的设计机构承担。系统集成商在工程设计单位指导下做深化系统设计。

（4）系统集成商必须根据工程设计单位提供的资料图样进行有关专业系统的深化设计，深化系统设计必须在与设计方案协调统一的条件下进行优化设计、系统调试，在系统运行后对物业人员提供培训、技术支持和维护服务。

智能建筑的设计一般应包括方案设计、初步设计、深化设计、施工设计等。

（1）方案设计。通过对用户要求实现功能和实际需要的分析提出设计方案。

（2）初步设计。智能系统的设计应该与其他专业设计同步进行，各个专业应该相互配合。初步设计由建筑设计单位完成。

（3）深化设计。深化设计一般由系统集成商完成。

（4）施工设计。建筑设计单位在系统集成商提供的深化设计的基础上进行施工设计。目前智能化设计主要分为两个阶段，即总方案设计和施工图设计，建筑工程设计中的一个重要环节——初步设计在智能化设计中往往被忽略，这一点是应予以重视的。

第二章　供配电一次系统

第一节　一次系统设计概述

一次系统是指由发电机、送电线路、变压器、断路器等发电、输电、变电、配电等设备组成的系统。一次系统是供电系统的主体，是用电负荷的载体，高电压或大电流是一次系统的主要特点。正确选择一次系统的结构方案、线缆和电气设备并正确施工，是保证供电系统正常运行的基础。

一、简介

一次系统是由发电机、送电线路、变压器、断路器等发电、输电、变电、配电等设备组成的系统。其功能是将发电机所发出的电能，经过输变电设备，逐级降压送到配电系统，而后再由配电线路把电能分配到用户。一次系统是供电系统的主体，是用电负荷的载体，高电压或大电流是一次系统的主要特点。正确选择一次系统的结构方案、线缆和电气设备并正确施工，是保证供电系统正常运行的基础。

一次系统中所有的电气设备，称为一次设备。常用的一次设备有高压熔断器、高压隔离开关、高压负荷开关、高压断路器及高压开关柜等。二次电路中的所有设备，称为二次设备。常用的二次设备有计量和测量表计、控制及信号装置、继电保护装置、自动装置和远动装置等。

一次设备按工作电压可分为低压设备和高压设备。

（1）低压设备为工作电压在1.0kV及以下的电气设备。

（2）高压设备为工作电压高于1.0kV的电气设备。其中，1.0kV至35kV（含35kV）的高压设备称为中压设备，高于35kV至110kV的电气设备称为高压设备，

220kV至500kV的电气设备为超高压设备，高于500kV的电气设备为特高压设备。

一次设备按功能可分为控制设备、保护设备、变换设备、补偿设备和成套设备。

（1）控制设备是控制一次回路通断的开关设备，包括隔离开关、切换开关、负荷开关、熔断器及断路器等。

（2）保护设备是对系统和设备在可能受到的过电压、过电流及可能产生的漏电流时进行保护的设备。如熔断器、避雷器、防浪涌电压器件及剩余电流保护装置等。

（3）变换设备是改变电压或电流以满足供电系统工作要求的设备，如实现能量输送的变压器、变流器，实现电压或电流取样、检测的电压互感器、电流互感器等。

（4）补偿设备是补偿电力系统的无功功率，以提高系统的功率因数的电气设备，如电力电容器等。

（5）成套设备是根据一次电路接线方案的要求，将相关的上述一次设备及二次设备组合为变、配、控电的一体化电气组合体。如高压开关柜、低压配电屏、动力配电箱、照明配电箱及控制配电箱等。

二、一次系统的组成

构成工厂电能输送和分配通道的整个系统称为工厂供电的一次系统。一次系统的基本组成部分有变电站、配电站和电力线路。变电站是把电网电压变换成负载需要电压并通过配电装置把电能分配给负载的降压站，配电站是多回供电线路集中设置的同级电能分配场所。变、配电站的电能则通过电力线路输送给用户。规模大、负载分散的工厂可能要经过多级变电、配电输送电能。在满足需要的前提下，要尽量减少变电级数，以减少电能损耗。为缩短电力线路，变、配电站要尽量建在负荷中心。

三、一次系统的设备

一次系统的设备主要有电力变压器、开关电器、与一次系统直接关联的非开关电器（如互感器、避雷器、熔断器、电力调节电器等）、母线、电力线缆。

四、一次系统的分类

按变电站的数量，可把工厂供电一次系统分为无变电站系统、单一变电站系统和多级变电站系统。无变电站系统往往是几个相对集中、低压供电的工厂共用一个降压变电站，每个工厂只设低压配电站；单一变电站系统只设车间变电站、10kV或35kV进线由邻近的降压变电站供电；多级变电站系统的常见方式是具有总降压变电站和多个车间变电站的两级系统，总降压站由地区变电站、110kV或220kV线路供电。总降压变电站都是独立设置的，车间变电站很少独立设置，多数与车间结合在一起，设计成外附式、内附式、地下式，容量不大时还可以设计成杆上式。

五、一次系统设计

我国电力系统已基本构成一个复杂、统一的大电网。设计部门所设计的工厂、企业、住宅区等的用电设备只是大电网的一个负荷点，也就是这些用电设备是由大电网供电的。这些用电设备有大、有小，但自身构成一个供配电网。有些大型企业用电设备高达近百万千瓦，有些企业还有自备电厂，有些单位还有应急发电机组，这些使供配电网变得十分复杂。在进行工厂、企业、住宅区等供配电网设计时，首先要进行负荷预测和计算，以确定其电力需求量，其后根据需求量的大小选择供配电网的电压等级，选择供配电网的接线图，确定供电变电所，配电变电所的位置，变电所变压器台数和容量及其接线方式，确定各线路的类型，采用架空线路还是电缆，选择线路导线的面积和型号，根据短路容量，发热等选择各电器设备（断路器、隔离开关、电流互感器、电压互感器、母线）的型号，确定无功功率补偿容量和分布，有时还要计算谐波量的大小，确定抑制谐波的措施，选择抑制谐波设备，然后根据上述情况选择开关柜的型号，最后绘制施工安装图，编写说明书，设备清单和投资预算。

一次系统设计时一定要保证一次系统施工安装，运行的人身安全和设备安全，确保供电可靠，要满足电力技术要求，要经济合理，符合环保要求，要有发展的余地。随着电力技术不断发展，配电装置向无油化、免维修、小型化、紧凑型方向发展，设计时要尽量与此相适应。

第二节 供配电一次系统接线

我国供配电系统的电压等级分为高压、中压和低压。高压的电压等级为35kV和110kV，个别也有采用220kV；中压电压等级为10kV，低压电压等级为380/220V。根据供电需求量和供电距离确定电压等级。一般220kV线路输送功率为10万～30万kW，输送距离为100～ 300km；110kV线路输送功率为1万～5万kW，输送距离为50～150km；35kV线路输送功率为几千千瓦至1万kW，输送距离为20～50km；10kV线路输送功率为300～5000kW，输送距离为15km以内；380V线路输送功率为175kW以下，输送距离为350m以内；220V线路输送功率为100kW以下，输送距离为200m以内。供配电系统设计时，一般不要将所有电压等级都选上，应尽可能地简化电压等级，以利于简化网络结构，提高运行的可靠性和经济性。110kV和220kV电压等级的中性点一般采用直接接地，个别110kV电压等级中性点采用经消弧线圈接地，10kV和35kV电压等级中性点一般采用不接地或经消弧线圈接地，380kV电压等级中性点采用直接接地。

电压等级选定后，应选择供配电网络的接线。网络接线方式包括两个方面：线路接线方式和变电所母线的接线方式。这两者有区别，但又密切相关，通常要一起考虑。

一、线路接线方式

根据可靠性的要求可分为无备用和有备用接线方式两大类型。

无备用接线方式的缺点是供电可靠性差，线路故障就会造成用户停电，优点是投资维修费用省；有备用接线方式的缺点是投资维修费用大，优点是供电可靠性高。要根据用户的重要性和经济实力选择接线方式。由于我国经济实力不断提高，现在更多的用户要求采用有备用接线方式。采用环型接线方式的网络一般都实行开环运行，只有在某线路故障时才将相关的断路器自动或人工合上。

二、母线接线方式

发电厂和变电站为了汇集电流和分配电流在其高低压侧都设有汇流排，也称为母线。母线与线路、变压器相连接，其连接方式有：

（一）单母线接线

即由一条母线连接所有的线路和变压器，当母线故障时，所有连接在母线上的线路和变压器都受到影响。

（二）单母线分段接线

即母线分为两段或三段，各段母线之间用断路器连接，各线路和变压器分别连接在不同的母线段上，当某一母线故障时，只影响连接在该故障母线上的线路和变压器。

（三）双母线接线

两条母线之间用断路器连接，线路和变压器，可以连接在第一条母线上，也可以连接在第二条母线上，也就是线路或变压器的断路器经两个隔离开关分别连接在两条母线上，正常运行时，线路、变压器的断路器经某一隔离开关连接在某一母线上，当某一母线故障时，连接在该母线的线路和变压器将受到影响，但经一定的操作，可以将这些线路和变压器转接到另一母线上。

（四）双母线分段接线

具有单母线分段和双母线接线的特点，适用多线路多变压器的场合。

（五）双母线带旁路母线接线

双母线的基础上增加一条旁路母线。旁路母线经一个旁路断路器和两个隔离开关分别与双母线连接，各线路和变压器的断路器隔离开关外侧经一个隔离开关与旁路母线连接，当线路或变压器断路器需要维修时，经一定的操作可以用旁路断路器代替线路或变压器断路器，这样断路器检修时，不影响线路和变压器的正常工作。

（六）单母线或单母线分段带旁路母线接线

与双母线带旁路母线接线相似。

（七）内桥接线、外桥接线

这些接线只适用于两条线路，两台变压器的情况。一条线路经断路器连接一台变压器，如果两台断路器靠近变压器侧之间再连接一台断路器，即称为内桥接线；如果两台断路器靠近线路侧之间连接一台断路器，即称为外桥接线。若线路故障概率高于变压器的情况下，应采用内桥接线；若变压器故障概率高于线路的情况下，应采用外桥接线。将这种接线方式推广到三条线路和三台变压器的情况，称为扩大桥式接线。

（八）角型接线

有三角型、四角型、五角型、六角型接法。角型接线中，每一边为一台断路器，每一角连接一条线路或一台变压器。断路器检修不影响其他电气设备的正常运行。这种接线无发展余地。当开环运行时，任何一个元件故障影响面大。

后面这两种接线方式也称为非母线接线方式。选择何种母线接线方式取决于可靠性，经济性要求，线路条数，变压器台数等条件。

三、电气主接线

一个电厂或变电站将所有的一次电气设备按技术要求连接起来就构成该电厂或变电站的电气主接线。其高压部分称为高压主接线，低压部分称为低压主接线。一条线路一般经隔离开关，断路器，隔离开关连接到母线上，线路的电流互感器有装在断路器的套管内，也有单独串联在线路中；一台变压器的高压侧 ·般经断路器，隔离开关连接到高压母线上，低压侧经断路器，隔离开关连接到低压母线上，高低压电流互感器可以装在高低压断路器的套管内，也可以串联在高低压电路中。每条母线一般接有一台或两台电压互感器，电压互感器经隔离开关或熔断器连接到母线上。一般母线经隔离开关连接一台避雷器。根据需要，有的母线还经隔离开关，断路器接有无功补偿装置。对于中性点接地的变压器，其中性点要经隔离开关接地。对于中性点接消弧线圈接地的变压器，其中性点经隔离开关，消弧线圈接地。电气主接线按照规定的符号和规则表示在图纸上，就称为电气主接线图。电气设计的一个重要任务就是绘制电气主接线图，它是电气设备安装施工和运行的依据。

低压系统的特点是：用电设备多、容量小、分布广，不易采用由变电站低压母线辐射式的直接供电方式，一般采用多级辐射式的供电方式，即由变电站低压母线上的若干条线路各自辐射到下一级母线，再由下一级母线上的若干线路各自辐射到第三级母线，最后一级母线的出线才连接至用电设备。多数用二级辐射，最多不超过三级，太多级会使各级保护装置配合造成困难或使保护动作时间太长。每一级母线构成一个配电间（箱），或称开闭间。这种供电方式有利于分级管理，当一个用电设备发生故障而其保护装置或开关拒绝动作时，只影响局部供电，不会影响整个变电站的供电。对于大容量的用电设备和重要用电设备，可采用辐射式供电方式。对于同一车间或同一房间内小容量的多个同类型用电设备可采用树干式供电方式。各单相线路的负荷应尽量均匀，以满足三相功率平衡的要求。

第三节　一次电气设备的选择

供配电一次系统的电气设备有变压器、线路的导线、母线、断路器、隔离开关、电压互感器、电流互感器和避雷器等。选择电气设备的基本原则是保证安全可靠、优质经济、运行灵活、维护方便。电气设备选择的一般条件有：第一，额定电压：电气设备的额定电压必须高于电网的额定电压；第二，额定电流：电气设备的额定电流必须大于电气设备电路中长期工作电流；第三，按短路情况校验电气设备的热稳定和动稳定；第四，温度、湿度、海拔高度和环境污染情况。下面分析各种电气设备选择的具体原则。

一、变压器

变压器的容载比是变压器容量与变压器供给的负荷功率之比。根据负荷计算方法就可以确定负荷功率（有功与无功），选择合理的容载比就可以计算出变压器的容量。容载比选得太大，变压器长期处于低载运行会造成浪费；选得太小，如果负荷发展较快会造成变压器过载运行。应根据负荷增长的情况和经验合理选择容载比。一般负荷可选用一台变压器，一、二级负荷或大容量负荷可选用2台或3台变压器。选用2台变压器，若一台变压器停运，另一台变压器的容量应满足重要负荷的需求。有三种电压等级的变压所，各侧容量超过总容量的15%以上时，可采用三绕组变压器。一侧中性点接地的变压器，若三相不平衡电流比较大或三次谐波电流比较大时，应采用Dyn11的接线方式，否则可采用Yyn0的接线方式。一般变压器可采用Yd11接线方式。根据调压要求，决定变压器是否采用有载调节分接头。

二、导线

选择导线首先是选择导线的截面积。选择导线的原则有：

（一）正常发热

导线有电阻，当电流通过后将把电能转换为热能，引起导线温度升高，温升一定程度导线将变形，绝缘将损坏，甚至发生火灾。因此，为了保证安全，对导线正常通过的电流有严格规定。导线截面积越大，电阻越小，允许通过的电流越大。选择导线截面积首先要满足正常运行发热的要求。前人已做过试验，得出各种导线正常运行允许通过的电流，这可以作为后人选择导线截面积的依据。当导线所处实际环境温度θ_1与计算环境温度θ_2不同时，正常允许电流I_{P1}应进行修正，修正公式为：

$$I_{P1}=I_{P2}\sqrt{(\theta_P-\theta_1)/(\theta_P-\theta_2)} \tag{2-1}$$

式中：I_{P2}——计算环境温度下的允许电流。

θ_P——导线长期允许的最高温度。

（二）短路发热

导线发生短路，导线首端保护装置会动作将故障切除，但短路电流很大，是正常电流的几倍甚至几十倍，会造成严重后果，所以选择导线截面积时也要满足短路发热的要求。首先要进行导线末端的短路电流计算，确定最大的短路电流，并根据短路切除时间，计算导线发热的情况，如果不能满足要求，就应减少短路切除时间或增大导线截面积。

（三）机械强度

导线在安装运行中受到各种外力的作用，要求导线截面积足以抵抗这些外力的影响，高压架空线导线截面积不得低于35mm^2，低压架空线导线截面积不得低于16mm^2；低压绝缘铜芯导线截面积室内不得低于1.5mm^2，室外不得低于2.5mm^2。

（四）电晕

高压线路导线周围会产生高压电场，当电场强度达到一定程度时，空气产生电离，出现电晕现象，从而增加电网损耗。高压线路导线截面积越小越容易发生电晕，因此为了避免电晕现象出现，对导线最小截面积有要求。例如，110kV线路导线截面积不得小于95mm^2；220kV线路导线截面积不得小于120mm^2。

（五）经济电流密度

当线路电流一定时，若线路导线截面积选得大，则其电阻小，损耗少，运行费用省，但投资大；反之，导线截面积选得小，则其电阻大，损耗大，运行费用多，但投资小。在投资和运行费用之间找到一个合理的平衡点所选得的导线截面积，称为经济截面积，相应的电流密度称为经济电流密度。当线路电流确定时，将通过导线的电流除了经济电流密度就可以求得导线的截面积。

（六）电压损耗

为了保证电压质量，要求有些线路电压损耗不得大于某一数值，因此线路的导线截面积要根据电压损耗值进行选择。大致步骤如下（一般不计电压损耗的横分量，只计电压损耗的纵分量）：

由于线路的导线截面积未选定，所以电阻、电抗值不能确定，但线路电抗与导线的截面积关系不大，单位长度的电抗值大约为0.4Ω/km，可以用这个数字求得线路电抗，进而求得导线的截面积。

一般先用经济电流密度方法选择导线截面积，然后才用其他方法进行校验。如果某一种方法不能满足，才按该方法选择导线截面积。

电力导线大致分为三类：裸线、电缆和绝缘线。

裸线一般用于架空线路。裸线用铜（T）、铝（L）、钢（G）、铝合金（HL）等材料制成。有单股导线、多股导线（绞线）之分。钢导线用于避雷线，钢与其他金属构成组合导线，钢的作用起增强机械强度，不作为导体，其截面积不作为导线载流截面积，但扩大导线的有效半径，有利于减少线路的电抗。输电线路一相可以用一根导线，也可以用多根导线，后者称为分裂导线，220kV线路多数采用二分裂导线，500kV线路多数采用四分裂导线，采用分裂导线的目的，一方面是便于线路的安装，另一方面是扩大导线的有效半径，有利于减少线路电抗，增大线路电容，减少线路电压损耗和无功损耗，提高系统运行的稳定性。

电缆由三相导线组合为一体，导线之间与外界有绝缘层，外壳有保护层，也有单芯电缆。电缆导线也是由铜、铝制成，也有单股和多股之分。电缆线路最主要缺点是造价高，检修费事费时，但它占地面积少，供电安全可靠，随着国家经济实力的提高，越来越多地采用电缆线路。城市已尽量不采用架空线路，而采用电缆线路。绝缘线一般用于低压线路。

三、断路器

正常运行时用来接通和切断电气设备的负荷电流，故障时用来切断故障电流，将故障设备隔离。它一般由动触头、静触头、灭弧装置、操动机构和绝缘支架等构成，为实现断路器自动控制，操动机构中还有与断路器的传动轴联动的辅助触头。

目前常见的断路器有：

（1）多油断路器，动静触头浸在装满绝缘油的钢桶内，绝缘油既作为灭弧介质又作为绝缘介质，其钢桶外壳涂成灰色，表示壳体不带电。由于体积大、用油多、笨重，已逐步被淘汰。

（2）少油断路器，绝缘油作为灭弧介质和动静触头之间的绝缘介质，对地绝缘由瓷介质支柱来实现。其铁质油箱涂成红色，表示外壳可能带电。这是一种老式最普遍采用的断路器。

（3）空气断路器，高压空气作为灭弧和绝缘介质，高压空气还兼作操动机构的动力源。其特点是动作快，断流容量大，性能稳定，检修周期长，无火灾危险，结构复杂，需配用一套空气压缩装置，适用于220kV以上系统。

（4）真空断路器，真空作为灭弧和绝缘介质。其特点是体积小，质量小，性能稳定，几乎可免维护。在10～35kV系统普遍采用。

（5）六氟化硫（SF_6）断路器，六氟化硫气体作为灭弧和绝缘介质。其特点是：绝缘性能好，灭弧能力强，有良好的冷却性，检修周期长。35kV以上系统普遍采用。

断路器的基本参数有：额定电压、额定电流、开断（短路）电流，额定断流容量、热稳定电流（标准时间为4s）、额定动稳定电流（最大瞬时电流）、合闸时间、分闸时间等。这是选择断路器的依据。

四、母线

户内配电装置的母线用铜、铝、钢制成，有矩形、管形、槽形和菱形等形状。矩形用于工作电流不太大场合，当电流增大时，可采用双矩形或三矩形；菱形散热条件好，但结构复杂，采用较少；大电流的场合可采用槽形母线；管形虽然散热不太好，采用水冷却可大大提高散热条件，适用于特大电流的场合。户外配电装置的母线可采用钢芯铝（铜）绞线。母线截面积的选择方法，一般先按经济电流密度选择母线截面积，再用长期工作电流、短路电流、机械强度、电晕等条件进行校验。

（一）常见类型

在电力系统中，母线将配电装置中的各个载流分支回路连接在一起，起着汇集、分配和传送电能的作用。母线按外型和结构，大致分为以下三类：

硬母线：包括矩形母线、圆形母线、管形母线等。

软母线：包括铝绞线、铜绞线、钢芯铝绞线、扩径空心导线等。

封闭母线：包括共箱母线、分相母线等。

（二）产品特点

1.性能方面

母线采用铜排或者铝排，其电流密度大，电阻小，集肤效应小，无须降容使用。电压降低也就意味着能量损耗小，最终节约用户的投资。而对于电缆来讲，由于电缆芯是多股细铜线，其根面积较同电流等级的母线要大。并且其“集肤效应”严重，减少了电流额定值，增加了电压降，容易发热。线路的能量损失大，容易老化。

2.安全性

母线槽的金属封闭外壳能够保护母线免受机械损伤或动物伤害，在配电系统中采用插入单元的安装很安全，外壳可以作为整体接地，接地非常可靠，而电缆的PVC外壳易受机械和动物损伤，安装电缆时必须先切断电源，如果有错误发生会很危险，特别是电缆要进行现场接地工作，接地的不可靠导致危险性增加。

3.安装方面

母线由许多段组成，每一段长度既短且轻。因此，安装时只需要少数几人就能迅速完成。母线有许多标准的零件及库存，可以快速出货，节约现场工作时间。其紧密的“三明治”结构能够减少电气空间，从而腾出更多的空间作为商业用途，如出租或作为公共场所。对于安装电缆来讲，则是一项困难的工作。因为，单根电缆往往很重，安装工作需要很多人的协作，花较多时间才能完成。另外，受制于电缆的弯曲半径，需要更多的安装空间。

4.线路优化

通过使用母线槽，我们可以合并某些分支回路，并用插接箱将之转化为一条大的母线槽。它可简化电气系统，得到较多股线低的电流值。因此节约了工程的造价，并且易于维护。对于传统的电缆线路，电缆会使得电气系统极其复杂，庞大，难于维护，这样，就浪费了工程费用和安装空间。

5.可扩展性

对于母线来讲，系统扩展可通过增加或改变若干段来完成，重新利用率高。而大多数情况下，电缆不能重新利用，因为长度和路线是不同的，如果要扩展系统，我们要购买新的电缆取代旧的电缆。

6.插接式开关箱

插接式开关箱可以与空气型母线槽配用。安装时无须再加其他配件。插接件是最为重要的部件，它是由铜合金冲压制成，经过热处理加以增强弹性，并且表面镀锡处理，即使插接200次以上，仍能保持稳定的接触能力。箱体设置了接地点以保证获得可靠的接地，箱内设置了开关电路，采用塑壳断路器能对所分接线路的容量作过载和短路保护。

五、隔离开关

用来将检修设备与带电设备隔离，以保证检修人员的安全，也可以用来开闭电压互感器、避雷器、母线、励磁电流不超过2A的空载变压器和电容电流不超过5A的空载线路。基本参数有：额定电压、额定电流。

（一）功能

（1）分闸后，建立可靠的绝缘间隙，将需要检修的设备或线路与电源用一个明显断开点隔开，以保证检修人员和设备的安全。

（2）根据运行需要，换接线路。

（3）可用来分、合线路中的小电流，如套管、母线、连接头、短电缆的充电电流，开关均压电容的电容电流，双母线换接时的环流以及电压互感器的励磁电流等。

（4）根据不同结构类型的具体情况，可用来分、合一定容量变压器的空载励磁电流。

隔离开关在低压设备中主要适用于民宅、建筑等低压终端配电系统。主要功能如下：

第一，用于隔离电源，将高压检修设备与带电设备断开，使其间有一明显可看见的断开点。

第二，隔离开关与断路器配合，按系统运行方式的需要进行倒闸操作，以改变系统运行接线方式。

第三，用以接通或断开小电流电路。

一般在断路器前后二面各安装一组隔离开关，目的均是要将断路器与电源隔离，形成明显断开点；因为原来的断路器采用的是油断路器，油断路器需要经常检修，故两侧就要有明显断开点，以利于检修；一般情况下，出线柜是从上面母线通过开关柜向下供电，在断路器前面需要一组隔离开关与电源隔离，但有时，断路器的后面也有来电的可能，如通过其他环路的反送，电容器等装置的反送，故断路器的后面也需要一组隔离开关。

隔离开关主要用来将高压配电装置中需要停电的部分与带电部分可靠地隔

离，以保证检修工作的安全。隔离开关的触头全部敞露在空气中，具有明显的断开点，隔离开关没有灭弧装置，因此不能用来切断负荷电流或短路电流，否则在高压作用下，断开点将产生强烈电弧，并很难自行熄灭，甚至可能造成飞弧（相对地或相间短路），烧损设备，危及人身安全，这就是所谓“带负荷拉隔离开关”的严重事故。隔离开关还可以用来进行某些电路的切换操作，以改变系统的运行方式。例如：在双母线电路中，可以用隔离开关将运行中的电路从一条母线切换到另一条母线上。同时，也可以用来操作一些小电流的电路。

（二）特点

（1）在电气设备检修时，提供一个电气间隔，并且是一个明显可见的断开点，用以保障维护人员的人身安全。

（2）隔离开关不能带负荷操作，不能带额定负荷或大负荷操作，不能分、合负荷电流和短路电流，但是有灭弧室的可以带小负荷及空载线路操作。

（3）一般送电操作时，先合隔离开关，后合断路器或负荷类开关；断电操作时：先断开断路器或负荷类开关，后断开隔离开关。

（4）选用时和其他的电气设备相同，其额定电压、额定电流、动稳定电流、热稳定电流等都必须符合使用场合的需要。

（三）类型

1.按其安装方式的不同

可分为户外隔离开关与户内高压隔离开关。户外隔离开关指能承受风、雨、雪、污秽、凝露、冰及浓霜等作用，适于安装在露台使用的隔离开关。

2.按其绝缘支柱结构的不同

可分为单柱式隔离开关、双柱式隔离开关、三柱式隔离开关。其中单柱式隔离开关在架空母线下面直接将垂直空间用作断口的电气绝缘，可节约占地面积，减少引接导线，同时分合闸状态特别清晰。在超高压输电情况下，变电所采用单柱式隔离开关后，节约占地面积的效果更为显著。

3.按电压等级的不同

可分为低压隔离开关和高压隔离开关。

六、电流互感器、电压互感器

（一）电流互感器

电流互感器是依据电磁感应原理将一次侧大电流转换成二次侧小电流来测量的仪器。电流互感器是由闭合的铁心和绕组组成。它的一次侧绕组匝数很少，串在需要测量的电流的线路中。因此它经常有线路的全部电流流过，二次侧绕组匝数比较多，串接在测量仪表和保护回路中，电流互感器在工作时，它的二次侧回路始终是闭合的，因此测量仪表和保护回路串联线圈的阻抗很小，电流互感器的工作状态接近短路。因为电流互感器是把一次侧大电流转换成二次侧小电流来测量，故二次侧不可开路。

（二）电压互感器

电压互感器（Potential Transformer简称PT，Voltage Transformer简称VT），和变压器类似，是用来变换电压的仪器。但变压器变换电压的目的是方便输送电能，因此容量很大，一般都是以千伏安或兆伏安为计算单位；而电压互感器变换电压的目的，主要是用来给测量仪表和继电保护装置供电，用来测量线路的电压、功率和电能，或者用来在线路发生故障时保护线路中的贵重设备、电机和变压器，因此电压互感器的容量很小，一般只有几伏安、几十伏安，最大也不超过一千伏安。

（三）电流互感器、电压互感器的区别

1.结构区别

电流互感器的一次绕组用粗线绕成，通常只有一匝或几匝，与被测电流的负载串联。电压互感器是降压变压器，它一次绕组匝数多，与被测的高压电网并联；二次绕组匝数少，与电压表或功率表的电压线圈连接。

2.工作原理区别

两种装置的正常运行时工作状态很不相同，表现为：

（1）电流互感器二次可以短路，但不得开路；电压互感器二次可以开路，但不得短路。

（2）相对于二次侧的负荷来说，电压互感器的一次侧内阻抗较小以至可以忽略，可以认为电压互感器是一个电压源；而电流互感器的一次侧却内阻很大，以至可以认为是一个内阻无穷大的电流源。

（3）电压互感器正常工作时的磁通密度接近饱和值，故障时磁通密度下降；电流互感器正常工作时磁通密度很低，而短路时由于一次侧短路电流变得很大，使磁通密度大大增加，有时甚至远远超过饱和值。

七、电抗器

有串联电抗器和并联电抗器。串联电抗器串接在出线上或母线分段间，用来限制短路电流。根据限制短路电流的大小，选择电抗器的电抗值。串联电抗器的主要参数有额定电压、额定电流和电抗值百分数。并联电抗器用来限制高压线路的潜供电流和吸收线路过剩的无功功率（作为调压用）。

电抗器按结构及冷却介质、按接法、按功能、按用途进行分类。

（1）按结构及冷却介质：分为空心式、铁心式、干式、油浸式等。例如：干式空心电抗器、干式铁心电抗器、油浸铁心电抗器、油浸空心电抗器、夹持式干式空心电抗器、绕包式干式空心电抗器、水泥电抗器等。

（2）按接法：分为并联电抗器和串联电抗器。

（3）按功能：分为限流和补偿。

（4）按用途：按具体用途细分，例如：限流电抗器、滤波电抗器、平波电抗器、功率因数补偿电抗器、串联电抗器、平衡电抗器、接地电抗器、消弧线圈、进线电抗器、出线电抗器、饱和电抗器、自饱和电抗器、可变电抗器（可调电抗器、可控电抗器）、轭流电抗器、串联谐振电抗器、并联谐振电抗器等。

八、绝缘子

（一）绝缘子的作用和要求

绝缘子用来支持带电体，并使其与接地体隔离和带电体之间隔离，保证正常工作电压和过电压情况下，带电体与接地体之间和带电体之间不会击穿，是电网安全运行的重要设备。

绝缘子是接触网带电体与支柱设备或其他接地体保持电气绝缘的重要部

件。其要承受着工作电压和各种过电压，并承担着接触悬挂和支持结构的重量及因气象影响产生的机械荷载，另外还受到风吹日晒，以及其他污染物，如扬尘、化工粒子的影响；其要有足够电气绝缘强度，能长期使用，具有抗污、抗腐蚀等功能。

（二）绝缘子的分类

分为支持式绝缘子、套管式绝缘子、柱式绝缘子、悬式绝缘子。前两种用于户内配电装置比较多，后两种用于户外配电装置比较多。

接触网用的绝缘子多为悬式绝缘子和棒式绝缘子。悬式绝缘子主要用来悬吊或支撑接触悬挂，电气化铁路供电的额定电压是25kV，选用的绝缘子形式一般是由三片组成的绝缘子串，轻污染区采用三片普通型悬式绝缘子组成的绝缘子串，重污染区采用四片均为防污型悬式绝缘子组成的绝缘子串。悬式绝缘子串有较好的机电性能，在部分绝缘子片损坏时，尚能维持供电。棒式绝缘子是根据电气化铁路接触网的工作条件而专门设计的一种瓷质的整体式绝缘子，它受压性能较好，具有一定的抗弯强度，对于承受压力及弯矩的场合采用棒式绝缘子。

根据材料可分为瓷质绝缘子、玻璃钢绝缘子及硅橡胶绝缘子三种类型。瓷质绝缘子有造价低，表面光洁度高，防污能力好等优点，但也有比较笨重，不易更换的缺点；玻璃钢绝缘子有抗腐蚀能力强，表面光洁，造价低的优点，但是玻璃钢碎后会造成塌网；硅橡胶绝缘子有质量轻，不易造成硬点，受流质量好的优点，也有造价高，耐腐蚀能力差的缺点。绝缘子的性能好坏，对接触网能否正常供电影响很大。

（三）绝缘子机械与电气性能

绝缘子在接触网中不仅起绝缘作用，而且还承受着机械负荷，特别是软横跨的承力索及下锚用的绝缘子承受着线索的全部张力，所以对绝缘子的电气及机械性能的要求都是极为严格的。绝缘子的电气性能，用干闪络电压、湿闪络电压和击穿电压表示。

绝缘子的干闪络电压。绝缘子在干燥、清洁的环境时，施加电压使其表面达到闪络时的最低电压。

绝缘子湿闪络电压。在雨水降落的方向与绝缘子表面呈45度淋在绝缘子表面是使其闪络的最低电压。

九、避雷器

避雷器是电网过电压保护的最重要设备，当电压短时间超过某一定值时，避雷器的电阻骤然下降，将电流泄入大地，使其他电气设备免受过电压影响。当电压恢复正常后，避雷器也恢复正常状态。避雷器有管型和阀型两大类。阀式避雷器有碳化硅避雷器和金属氧化锌避雷器。金属氧化锌避雷器的伏安特性比碳化硅避雷器好，被广泛采用。避雷器一般经隔离开关并联在母线或出线上。避雷器应根据额定电压和对过电压保护的要求进行选择。

十、高压熔断器

熔断器是一种最早采用的电路保护电器。当电路过负荷或短路时，利用熔体产生的热量引起自身熔断，从而切断电路。高压熔断器一般装在支接线路上。按额定电压、额定电流和断流容量选择熔断器。

十一、低压电器

电压为1000V以下的电气设备称为低压电器。包括断路器、熔断器、刀开关、转换开关、接触器、启动器、按钮等，还包括二次回路用的控制开关和继电器。种类繁多，有交直流之分。这里介绍一些主要设备。

（一）低压断路器

也称自动空气开关。具有接通和断开正常负荷电流能力，还具有短路保护、过负荷保护、欠压保护和漏电保护等功能，是低压配电装置最常用的设备。按额定电压、额定电流、遮断电流、极数等条件选择低压断路器。

（二）熔断器

作为线路和设备的短路装置，过载保护，能自动切断电路。选择条件同低压断路器。

（三）刀开关

用作隔离电路，能接通和分断额定电流。按额定电压和电流进行选择（下同）。

（四）转换开关

用来切换电路，用于小电流的电路中。

（五）接触器

用作远距离频繁启动电动机以及接通和分断电路。

（六）启动器

专门用作异步电动机启动和控制转向。分为直接启动和减压启动。减压启动器由交流接触器、热继电器、减压装置和控制按钮等组成，具有失压保护和过载保护功能。有的还具有断相保护功能。

第四节　配电装置

变压所一次电气设备（有时也包括二次设备）的总称叫作配电装置。按电压等级可划分为超高压配电装置、高压配电装置、中压配电装置和低压配电装置。将供配电一次系统选定的电气主接线和电气设备，依照国标规定的文字，图形和技术，经济要求，按照实际位置的布置排列，绘制而成的图形称为配电装置图。根据配电装置图，按实际位置和尺寸，绘制的平面布置图、侧面布置图、断面图称为配电装置安装图。它们是电气安装施工和运行的依据。配电装置分为户（屋）内配电装置和户（屋）外配电装置两大类。在现场组装的配电装置称为装配式配电装置，在制造厂家预先制成的成套开关柜，再到现场组装而成的配电装置称为成套配电装置。户外配电装置都是装配式配电装置。户内配电装置大多数采用成套配电装置。户内配电装置的特点是：第一，布置紧凑、占地面积少；第二，安装、维护、操作、巡视都在室内进行，不受天气和环境的影响；第三，电气设备不受外界污染物影响，维护工作量少，使用寿命长；第四，建造房屋会增加一些投资。户外配电装置的特点是：第一，土建工程量和费用较少，建设周期短；第二，扩建方便；第三，相邻设备之间距离较大，便于带电作业，减少维修停电时间；第四，占地面积大；第五，受天气和环境影响大，缩短电气设备的使用寿命。早期35kV及其以下的电压等级的变电所都采用户内配电装置，其他电压等级的变电所都采用户外配电装置，现在不仅110kV，甚至220kV电压等级的变电所也采用户内配电装置。

配电装置设计应满足下列基本要求：

（1）遵守国家政策法规。

（2）保证施工运行安全可靠。电气设备之间要有足够的安全距离。

（3）尽量少占土地。

（4）布置紧凑，整齐美观，方便施工、维修、运行操作。

（5）留有余地，便于扩建和发展。

配电装置布置最主要的要求是安全距离。我国安全距离分为A、B、C、D、E五类。A类是表示不同带电体之间或带电体至接地部分之间的空间最小的安全净距，称为A值。在这一距离下，无论正常最高工作电压或内外过电压，都不致使空气间隙击穿。A_1为带电部分至接地部分的最小电器距离。A_2为不同相导体的最小电气距离。例如，对于110kV中性点直接接地的电网，$A_1=0.85$m，$A_2=0.90$m。B类分三种。B为带电部分至栅栏的距离。一般$B_1=(A_1+0.75)$m（考虑人的手臂长度）。B_2为带电部分至网状遮拦的距离。一般$B_2=(A_1+0.1)$m（考虑人的手指长度及误差）。B_3为屋内配电装置带电部分至无孔遮拦的距离。$B_3=(A_1+0.03)$m（施工误差）。C值表示无遮拦裸导体至地面的距离。$C=(A_1+2.5)$m（考虑人的高度和手臂长）。D值表示不同时停电检修的无遮拦裸导体之间的水平净距。$D=(A_1+2.0)$m（考虑检修人员活动范围）。E值表示屋内配电装置出线套管中心线至屋外通道路面的距离。35kV及其以下，$E=4$m。其余$E=A_1+3.5$m（考虑汽车和人的高度）。确定导线之间的距离时，还应考虑电动力、风摆、温度等因素的影响。实际采用的距离都大于上述理论距离。

配电装置布置有如下特点：第一，母线布置在上层，其他电气设备布置在下层；第二，分间隔布置，一个间隔布置一个单元的设备（包括断路器、隔离开关、电流互感器、电压互感器或电抗器），分为线路间隔、变压器间隔、母联间隔、母线电压互感器和避雷器间隔、无功补偿装置间隔，有的还有发电机间隔；第三，电源（进线或变压器）间隔一般布置在母线中间，使母线承载的电流分布均匀。

户内配电装置布置有如下特点：

（1）母线：采用硬母线。一般有水平、垂直、直角三角形（两相在上，一相在下）布置。水平布置不易观察，间隔深度大，可降低建筑高度，安装容易，中、小型变电所广泛采用。垂直布置容易观察，间隔深度较小，可增加建筑高度，结构较复杂，一般用于10kV以下，短路电流大的配电装置中。直角三角形布置结构紧凑，但短路时三相受力不均匀，一般用于35kV以下中容量的配电装置中。考虑短路时母线所受电动力，对于水平布置，母线相间距离10kV为0.25～0.35m，35kV为0.5m。母线与接地体用支持绝缘子隔离，也就是母线架设在支持绝缘子上。支持绝缘子之间的距离为间隔的宽度，支持绝缘子可架设在间隔的隔墙上，也可架设在墙上的铁架上。对于单母线分段和双母线，母线之间应用隔板隔离，便于检修。

（2）变压器：一般设有变压器室，通过电缆与母线相连。变压器基础应突出地面，建成双梁形并铺以铁轨，轨距等于变压器的滚轮间距。油箱油量超过1000kg的变压器应设贮油池，贮油池铺有0.25m以上的卵石层。

（3）断路器：它是间隔内的主要设备，一般建成小室。按照油量多少和防爆要求，小室可分为敞开式、封闭式和防爆式。油量超过60kg应设贮油设施。断路器的手动操动机构应设在操作通道侧。

（4）电流互感器、电压互感器和避雷器：电流互感器一般与断路器放在同一小室内。电压互感器都经隔离开关或熔断器接到母线上，需专用间隔，小型的几个电压互感器和避雷器可装在同一间隔。

（5）电缆：电缆通道是电缆构筑物，有电缆隧道和电缆沟，个别吊装在天花板上。电缆隧道可容纳较多电缆，检修方便，造价高，适合大型电厂和变压站。一般变电所都采用电缆沟。电力电缆与控制电缆布置在同一电缆沟，应分开两侧布置，如果布置在同一侧，控制电缆应布置在下面，并用耐火隔板隔开。

配电装置室可以开窗采光和通风，一般采用自然通风，如果散热不能满足要求，应增加机械通风，还应防止小动物窜入。

户内配电装置，多数采用成套配电装置。成套配电装置有低压成套配电装置，高压成套配电装置和六氟化硫全封闭组合电器。

低压成套配电装置有固定式低压配电屏，抽屉式开关柜和低压配电箱。双面维护BSL系列低压配电屏是一种较简单的配电装置。它将一次设备和二次设备布置在一个柜中，屏顶有母线，屏中有闸刀开关、熔断器、自动空气开关、电流互感器、电压互感器，屏面装有测量仪表、按钮、光字牌等，屏后装有继电器、二次小刀闸、熔断器、端子牌等。BFC系列的抽屉式开关柜主要设备装在抽屉或手车上，更换设备容易，布置紧凑，占地面积小，但结构复杂，造价高。低压配电箱是一种最简易的配电装置，它是按电气接线要求，将开关、仪表、保护及辅助设备装在金属箱内，可分为照明配电箱、动力配电箱、电表箱和控制箱。

高压成套配电装置有手车式和固定式开关柜。手车式最常用的有GFC系列封闭式高压开关柜，该系列开关柜为单母线结构，由手车室、仪表继电器室、母线室、电流互感器室等组成，具有安装检修方便，不受外界影响，不容易发生短路，可靠性高等优点，但造价高。固定式开关柜封闭性差，现场安装工作量大，检修不方便，但价格便宜。

六氟化硫全封闭式组合电器是一种先进的开关柜，封闭性好，安装检修方便，运行可靠性高，但造价高。

户外配电装置的特点：母线多数采用软母线，即钢芯铝（铜）绞线或软管导体。三相呈水平布置，用悬式绝缘子悬挂在钢筋水泥构架上。也有采用硬母线，用铜或铝制成矩形或管形，采用柱式绝缘子安装在钢筋水泥支柱上。变压器应安装在钢筋水泥基础上，建成双梁形并铺以铁轨，轨距等于变压器的滚轮间距。两台变压器之间的距离不得低于10m，还应用防火墙隔开。按照断路器在配电装置中所占据的位置，可分为单列和双列布置，断路器布置在主母线一侧，称为单列布置，断路器布置在主母线两侧，称为双列布置。应根据主接线，场地地形条件，进出线方向和数量等决定其布置方式。断路器、隔离开关、电流互感器、电压互感器、避雷器等都应安装在钢筋水泥基础上。

第五节　无功补偿装置

我国电网电能都是交流正弦波形态。每秒变换50周期，也就是频率为50Hz。交流电压加在电阻负荷上产生的电流与电压的相位是一致的，消耗的功率是有功功率。交流电压加在电感负荷上产生的电流的相位落后电压90°，在一个周期中有半个周期是将电能转换为磁场能量，另半个周期是将磁场能量转换为电能。电感负荷是有能量交换，但没有有功功率消耗，单位时间交换的能量称为无功功率。电力负荷中有许多元件是电感元件，例如电动机、镇流器等都要消耗无功功率。发电厂的同步发电机除了发出有功功率外，还会发出无功功率，改变发电机的励磁电流的大小就能改变发出无功功率的多少，以满足电力负荷对无功功率的需求。从发电机发送无功功率给负荷，需要经过线路和变压器，这传送过程，一方面要产生电压损耗，另一方面要产生有功和无功损耗。为了减少电压损耗和功率损耗，尽量要求无功功率就地平衡，也就是要求就地安装无功功率发生器，也称无功补偿装置。无功补偿装置有同步补偿机、电容器、电子式无功补偿器。同步补偿机又称同步调相机，工作原理与同步发电机相似，可以利用调节励磁电流来改变发出的无功功率，但不能发有功，还要从电网吸收一定的有功以维持机械部分的转动。同步调相机与发电机一样有较好的电压特性，当系统电压下降时，能发出更多的无功，以提高系统电压；当系统电压太高时，能吸收无功（也称进相运行），以降低系统电压。由于同步补偿机造价高，占地面积大，维护复杂，因此使用场合很有限。电容器补偿装置工作原理与电感元件相似，但特性相反，交流电压加在电容器上产生的电流的相位超前电压90°，在一个周期中有半个周期是将电能转换为电场能量，另半个周期是将电场能量转换为电能。电容器与电网之间有能量交换，但不消耗有功功率。在同一电压作用下，电感元件的电流与电容元件的电流方向相反，这相当于电感元件消耗无功功率，电容元件发出无功功率。由于电容器造价低，占地少，维护简单，因此得到广泛的应用。电容器无功补偿装置的缺点是电压特性差，电容器发出的无功功率与电压的平方成正比，当电压升高时，发出的无功增多，当电压降低时，发出的无功减少，这不利于电网电压的调整。电子式无功补偿装置由电容器、电抗器、可关断晶闸管、控制装置等元件组成，利用控制装置调控可关断晶闸管来改变无功电流的方向和大小，既可以发出无功，也可以吸收无功，是一种理想的无功补偿装置。现有静止无功补偿器、静止调相机、静止无功发生器等形式，并已逐步推广。目前工厂企业、商民用建筑所采用的无功补偿装置都是采用电容器无功补偿装置。下面就电容器无功补偿装置容量的选择原则介绍如下。

无功补偿的目的有三个，一是提高功率因数，二是改善电网电压，三是减少电网功率损耗。因此无功补偿容量也按照这三种情况进行选择。

一、提高功率因数

电网管理部门对电力用户的功率因数有严格要求，如果未能达到规定的要求就要按照不同的功率因数收受电费。因此电力用户在设计阶段就要预测负荷的功率因数，未能达到规定要求时，就要装设无功补偿装置。无功补偿容量按照功率因数公式进行计算。

设负荷的有功功率为P_L，无功功率为Q_L，要求达到的功率因数为$\cos\varphi$，要求的无功补偿容量为Q_C，由功率因数公式可得要求的无功补偿容量为

$$Q_C=Q_L[(P_L/\cos\varphi)^2-P_L^2]^{1/2} \quad (2\text{-}2)$$

然后从无功补偿装置中选择额定容量接近Q_C的无功补偿装置。

功率因数有最大负荷功率因数和平均负荷功率因数，一般选用最大负荷功率因数作为确定补偿容量的依据。

二、改善电力用户端的电压

由于输送给电力用户的无功功率在线路上要产生电压损耗，使得电力用户端的电压不能满足要求，为了使电力用户端的电压达到规定值，其中一个办法就是在电力用户端安装无功补偿装置。

三、减少电网有功损耗

安装无功补偿装置减少电网有功损耗一般不是只考虑一条线路的有功损

耗，而是要考虑全网的有功损耗，也就是安装一定数量的无功补偿容量。安装在哪些变电站上会使全网的有功损耗最少，这是无功优化问题，要应用数学上的优化理论求解。

无功功率补偿装置可以安装在10kV高压母线上，也可以安装在380V低压母线上，还可以安装在功率因数低的用电设备处。无功补偿装置分散安装效果最好，可减少线路和变压器的损耗和电压降，但投资大，管理维护难；集中安装效果差一些，但投资省且管理维护方便。无功补偿装置一般要配置自动切除投入装置，因为要根据电网运行要求投入或退出运行。电网轻负荷时电压很高，要求部分无功补偿装置退出运行。

第六节　消弧线圈

前面第一章已讲到中性点接地问题，其中10kV和35kV电压等级的电网是属于小电流接地方式。中性点采用小电流接地方式的电网，当电网发生单相接地时，电网的继电保护装置不会动作切除故障，电网还可以继续运行，由于一相接地后，另一相也可能发生接地，从而发展为两相短路故障，造成用户停电，因此规程规定发生单相接地后只能运行2h，在这2h内，运行维修人员要及时查找接地点并给予排除。小电流接地系统发生单相接地故障时，接地点并不是没有电流，而是这个电流比较小，它是电网对地的电容电流，与电网电压和对地电容成正比，对地电容越大，接地点的电流越大，当接地短路电流大到一定程度时，接地点的电弧就不能自行熄灭，还会引起弧光过电压，甚至会发展成多相故障，影响电网正常运行，因此发生单相接地的接地电流应加以限制，对于10kV电网不得超过20A；35kV电网不得超过10A。当超过规定值时，中性点应加装消弧线圈。消弧线圈是一个大电抗，不改变小电流接地方式的特性，也就是单相接地时接地点的电流乃仍是小电流，而且比未加消弧线圈时更小，因为接地时消弧线圈产生的电流与原接地的电容电流方向相反。如果不计线路对地电导，只计电纳，理论上消弧线圈产生的电流可等于线路对地的电容电流，即单相接地短路的电流等于零，这种情况称为全补偿，当消弧线圈产生的电流小于线路的电容电流，称为欠补偿，当消弧线圈产生的电流大于线路的电容电流，称为过补偿。初始设计时，一般应采用过补偿，因为要考虑电网的发展，一旦增加线路，线路的电容就增加，不必立即更换消弧线圈设备。消弧线圈的电感与线路的对地电容可能构成一个谐振回路，从而产生大电流过电压，为了消除这种风险，消弧线圈要串接一个电阻或并联一个大电阻，并不采用全补偿。

由于10kV和35kV的线路更多地采用电缆线路，电缆线路的电容电流比架空线路的电容电流大很多，因此单相接地电容电流问题越突出，需要装消弧线圈的问题也更突出。也是供配电网设计时需要认真考虑的一个问题，首先要计算线路的电容，然后计算对地电容电流，再检查电容电流是否超过规定值，如果超过规定值，就应与电力管理部门联系考虑安装消弧线圈事宜。

第七节　抑制谐波

抑制谐波是一种依据谐波产生的原因来抑制谐波影响的技术。在理想的干净供电系统中，电流和电压都是正弦波的。在只含线性元件（电阻、电感及电容）的简单电路里，流过的电流与施加的电压成正比，流过的电流是正弦波。随着电力电子技术的不断进步和发展，系统内电力电子设备得到了广泛的应用，同时非线性负荷不断增加，高压直流通电得到普及，导致电力系统谐波问题日益严重，下文在此基础上分析了电力系统谐波造成的危害，并根据谐波产生的原因提出抑制谐波的技术途径以及抑制技术。

一、电力系统谐波

（一）谐波的概念

谐波是一系列的正弦波，其频率是基波的整数倍。这一系列的正弦波中，存在无数种频率不同、幅值不同的频率波，这些正弦波会造成电力系统中的正弦电流以及电力系统电压不对称，对系统造成非常严重的危害。

（二）谐波的产生

电力系统向非线性设备以及负荷设备供电时会产生高次谐波，电力系统向这些设备传递和供给基波能量的同时，也将一部分的基波能量转换为谐波能量，进而产生高次谐波，这一系列高次谐波导致电力系统中的电压和电流波严重畸变，对电力系统的稳定性和安全性造成巨大的影响。

二、危害

电力系统中大量谐波的存在造成了电力系统中电压与电流的不对称，大大降低了电能的质量，给电力系统带来了巨大的危害。根据其危害的不同范围，可以分为两个方面：一是对电力系统设备的危害；二是对电力运行系统的危害。

（一）对电力系统设备的危害

电力系统中产生的高次谐波可能引起电力系统中多种不良的效应，如串联或者并联谐振会造成电压和电流持续过高，以及机械谐振等后果，进而导致电线过热，绝缘性减弱以及轴扭振等。主要危害有以下几种。

1.烧毁电容器和电抗器

在电力系统中，为了使负载的无功功率达到额定系数，提高功率因数，电力企业在安装过程中，经常会在变电所安装并联的电抗器。另外，为了降低或抑制谐波，经常会同时装备电抗器和电容器，组合在一起成为过滤谐波的滤波器，在工频频率下，能够成功地抑制谐振的产生。但是，这也会造成谐波频率的系统感抗增加，容抗降低，进而导致产生串并联谐振。而这种谐振会造成谐波电流大大增加，对电力系统设备造成很大的危害，甚至会烧毁电容器和电抗器，在以往的由谐波引发的电力事故中，烧毁电容器和电抗器的比例非常高。

2.缩短电机寿命

电力系统中产生的谐波可能引起旋转电机和变压器的损耗和过热，另外，还可能产生机械共振、噪音以及电压持续过高，这会造成电机寿命大大缩短，严重时甚至直接损坏电机。当谐波电流通过变压器时，会导致铁损耗和铜损耗增加。随着谐波频率的不断增加，铁损耗也逐步扩大，同时，也会引起变压器外部设备、硅钢片以及紧固件的发热，就可能引起局部过热，从而影响电机使用寿命，甚至烧毁电机。

3.引起控制系统失控

目前，电力电子元件以及硅整流器在电力系统中得到了普遍的应用，几乎存在于系统中的各个装置之中，这些电力电子元件在运行的过程中会产生大量的谐波，随着电流融入电网。另一方面，外部畸变会对换流器和整流装置的运行产生巨大的影响，可能导致整个电力系统失控，造成晶闸管损坏，进而严重影响换流装置的性能，产生不良后果。

4.引起程序错乱

在数字电路中，所有的逻辑组件都有相应的干扰信号容限，一旦谐波的干扰超过了部件的干扰信号容限，就会对触发器和储存器造成严重的影响，可能会破坏其储存的信息，即使排除谐波干扰，也会留下相应的痕迹，系统仍不会恢复到以前的工作状态。同时，谐波干扰也会破坏微处理器中的系统程序，造成程序错乱甚至停机。

（二）对电力系统运行的危害

电力系统谐波对电力系统运行的危害非常大，主要有以下几个方面：

1.对电网的危害

电力系统产生的谐波会通过电流进入电网，进而在线路上产生有功功率损耗。通常情况下，谐波电流所占的比例较小，但是其频率非常高，而受到导线集肤效应的影响，谐波产生的电阻远远大于基波电阻，所以，谐波造成的线路损耗就比基波产生的损耗高得多。另外，如果流入电路中断路器的谐波频率过大，会造成断路器的断开能力减弱，甚至无法工作，对电网产生严重的影响和危害。

2.对继电保护装置的危害

谐波的存在会造成继电保护装置性能发生很大的改变，可能导致各类保护装置功能失灵，无法有效地保护系统。比如对于发电机中的负序电流保护装置，谐波的存在就会引起负序电流保护装置误动或者不动，对发电机以及整个电网的安全运行造成巨大威胁。

3.对计量系统的危害

高次谐波会造成电能表向负方向的误差增大，导致实际计量的电能低于实际消耗的电能。在线性负荷中，基波功率与谐波功率方向一致，所以，电能表的计量结果大于基波电能，但是却小于基波与谐波电能的总和；而在非线性负荷中，基波功率与谐波功率方向相反，所以，电能表的计量结果小于基波电能，但大于基波与谐波电能的总和。无论哪种情况，都造成电力系统中计量系统产生误差。

三、两种技术途径

（一）被动式治理

即通过一些谐波吸收装置吸收各个用户负载产生的谐波，以限制超过有关标准的过量谐波注入电网。这种谐波治理技术的应用对象主要是工业电网负载，目前有两种主要方式：一是在电网上简单并联无源滤波器组；二是在电网上串联或并联或混合联上电力有源滤波器。这种方式的特点是先检测出负载产生的谐波电流或者谐波电压，再利用电力电子器件产生与该电流成一定比例的谐波电流或谐波电压抵消负载产生的谐波电流或者谐波电压的影响，使得流入电网的谐波电流达到最小。

（二）主动式治理

即设计出不产生谐波的变流器，使得负载自身不产生电流或电压谐波。主动式谐波治理技术的应用对象包括工业电网大功率负载。

20世纪六七十年代以来，谐波治理技术发展得到长足的进步。但是出于经济性和可靠性等方面的考虑，目前它还难以为电力电子装置的生产厂家以及谐波源电力用户所自愿推广应用。从用户需求角度出发，对已有谐波治理的技术手段进行深入的分析，改进和突破，开发出更加可靠和更具优良性价比的装置和技术是目前谐波治理技术发展的重点之一。

在民用电网方而，随着家用电器的普及特别是变频家电市场的不断扩张，谐波的消极影响也日益显现。

工业电网用户一般功率等级比较大，目前国内用户基本采用被动式方案来治理电网谐波。按照被动式谐波治理技术采用的电路结构可以分为：无源滤波器方案和有源滤波器方案两大类。

无源滤波器方案成本低、技术成熟，但存在以下缺陷：

（1）谐振频率依赖于元件参数，使滤波性能不稳定。

（2）滤波特性依赖于电网参数，而电网的阻抗和谐波频率随着电力系统的运行工况变化而随时改变，因而设计较为困难。

（3）电网系统阻抗可能与其产生串并联谐振，从而产生谐波过电压或者谐波电流放大的现象，影响电网的稳定运行和供电质量。

（4）临近谐波源的谐波电流注入本地滤波器，致使本地滤波器过载。

四、抑制谐波的技术

我国采用的交流电的频率为50Hz，其波形为正弦波。这50Hz的正弦波称为基波。如果将正弦波的交流电压加在一个线性阻抗的元件上，在该元件产生的电流也是交流正弦波，如果加在一个非线性阻抗的元件上，在该元件产生的电流不会是正弦波，其波形将发生畸变，这种非正弦波可以分解为直流分量和幅值不等的50、100、150、200Hz等正弦波分量。一般上半周和下半周是对称的，所以没有直流分量。我们将这些非50Hz的正弦波称为高次谐波，100Hz的称为二次谐波，150Hz的称为三次谐波，200Hz的称为四次谐波，依此类推，将频率为50Hz奇数倍的波形称为奇次谐波，将频率为50Hz偶数倍的波形称为偶次谐波。也就是说非正弦波是由基波和许多高次谐波组成。由于谐波电流在电网流通，并产生电压降，也使电压波形发生畸变，变成非正弦波。电网中没有谐波的有功功率电源，谐波电流和电压表现出来的功率特性是无功功率特性，即电网与非线性元件之间有能量交换，但没有能量消耗。也就是这里的谐波电流要流到电网其他元件，实现能量交换。

尽管发电厂发出的交流电压是基波，但由于电网许多负荷是非线性的，所以电网会出现许多谐波。常见的非线性负荷有：交直流变换器、变频器、电弧炉、电焊机、轧钢机、变压器以及铁磁电抗器。除了非线性负荷会产生谐波外，电网三相不平衡也会产生谐波，因为三相不对称时，会出现负序电流分量，发电机定子绕组的基波负序电流产生的旋转磁场与转子的旋转方向相反，从而在转子绕组上感应出二倍频率的电压和电流，由于转子绕组是单相的，二倍频率电流产生的磁场是脉动的，脉动磁场可以分解为与转子旋转方向相同和相反的两个磁场，其中与转子旋转方向一致的磁场将在定子绕组上感应出三倍频率的电压和电流，由于三相不对称，会出现三倍频率的负序电流分量，依此类推，将在定子绕组上产生一系列的奇次谐波。

谐波对电网会造成危害，首先会增加发电机转子绕组和铁芯的损耗和发热，增加发电机震动和噪声，限制发电机出力，严重时会损坏发电机；其次谐波电流在电网中的线路和变压器流通，会增加网络的有功损耗，有时会使电感和电容回路产生谐振，出现大电流，过电压，造成电力元件损坏；同时对电网的继电保护装置和自动化装置产生干扰，造成误动作。由于负序电流和谐波电流过大造成发电机损坏的事故在我国已发生十多起，限制谐波电压电流不仅是电力运行部门的一个重要的任务，也是电气设计部门应关注的问题。

谐波电压电流的大小常用两个指标来表达。

（1）谐波含有率（*HR*）：*h*次谐波分量的有效值与基波分量的有效值之比，用百分数表示，即

第*h*次谐波电压含有率为：

$$HRU_h=(U_h/U_1)\times 100\% \quad (2\text{–}3)$$

第*h*次谐波电流含有率为：

$$HRI_h=(I_h/I_1)\times 100\% \quad (2\text{–}4)$$

（2）总谐波畸变率（*THR*）：谐波总量的有效值与基波分量的有效值之比，用百分数表示。

谐波电压总量为各次谐波电压有效值的方均值，即：

$$U_H=(U_1^2+U_2^2+U_3^2+U_4^2+\cdots)^{1/2} \quad (2\text{–}5)$$

谐波电流总量为各次谐波电流有效值的方均值，即：

$$I_H=(I_1^2+I_2^2+I_3^2+I_4^2+\cdots)^{1/2} \quad (2\text{–}6)$$

电压总谐波畸变率为谐波电压总量与基波电压有效值之比，即：

$$THR_u=(U_H/U_I)\times 100\% \quad (2\text{–}7)$$

电流总谐波畸变率为谐波电流总量与基波电流有效值之比，即：

$$THR_i=(I_H/I_1)\times 100\% \quad (2\text{–}8)$$

谐波指标是电能质量的重要指标，我国对各级电网的谐波指标有规定。

减少和抑制谐波的方法：

（1）有整流设备的用户应增加换相器的相数，因为谐波次数为$h=pk+1$（p

为整流器相数，*k*为正整数），整流器相数越多，谐波的次数越大，而谐波电流的有效值与谐波次数成反比，这种方法能有效地抑制低次谐波。

（2）加装交流滤波装置。最简单的滤波器是由电感、电容和低电阻元件组成，合理选择电感和电容，使它们对某次谐波表现的电抗值接近于零，对其他谐波表现的阻抗为大阻抗，这样就构成该次谐波的电流通道，也就是吸收该次谐波电流，该次谐波电流就不会流入系统。这种滤波器只能吸收某一次谐波电流，要吸收多次谐波电流就要安装多个滤波器，这种滤波器需要专门设计和制造。

（3）加装有源滤波器，它是一个可控的换流器，直流侧接电容或电感，交流侧经换流变压器与谐波源并联，检测系统侧的无功电流，经调节器电路控制换流器的触发电路，使换流器的谐波电流等于谐波源的电流，从而系统侧的无功电流的谐波分量为零，只有基波分量。有源滤波器与静止无功补偿装置的原理十分相似，只是它们的侧重点不一样，静止无功补偿器侧重发无功，它会产生一些谐波，如果没有滤波，就成为一个谐波源，所以在有谐波源的地方加装静止无功补偿装置也是抑制谐波的一种方法；有源滤波器侧重产生谐波电流，它也会发出一定数量的无功。

（4）设计阶段应尽量地将有互补的谐波源负荷安装在一起，并将较大谐波源的负荷接在较高等级的电网上，以减少谐波电流的影响。

（5）三相负荷应尽量平衡，以减少产生谐波。

第八节　备用电源

停电有两种情况：一种是计划停电，因检修或更换设备而停电，属于较长时间停电；一种是突然停电，因故障或误操作而停电，属于短时停电。为了对付可能出现的停电，可以采用双回路供电，但是主电网故障时，停电不可避免，对于重要用户，可设置备用电源。备用电源多数采用成套柴油发电机组，适合较长时间停电，也有采用不间断电源（UPS），应急电源EPS和蓄电池，适合短时停电。

柴油发电机组是由内燃柴油机作为动力，驱动同步发电机的一种发电设备。成套柴油发电机组由柴油机、同步发电机、控制屏、散热水箱、联轴器、燃油箱、消声器、防震装置等组成。控制屏主要包括：一次设备：断路器、隔离开关、电压互感器、电流互感器；二次设备：测量仪表、控制设备、保护设备、信号设备、自动控制设备。自动控制设备有自动调速装置和自动调节励磁装置。自动调速装置用来调节频率和有功功率。自动调节励磁装置用来调节电压和无功功率。发电机出线连至配电室的低压母线。发电机投入运行方式可以采用自动或手动方式，例如，可以采用检查母线无电压自动投入。因备用电源只能供给重要负荷，所以发电机投入运行前，应将次要负荷从母线上断开或设置重要负荷专用母线。如果有两台备用机组，还应装设同期装置。一般情况，只当母线无电压下，才允许发电机投入运行，不允许发电机与电网并列运行。

发电机的额定电压为400V，其容量不可能等于供电负荷的功率，只能满足重要设备用电需要。所谓重要负荷就是第一类负荷，系指因停电可能造成人身不安全和设备重大损失的用电设备。一般占总负荷功率的10%～20%。

设置备用机组后，需要建设发电机房。发电机房应靠近配电室。设计阶段，要选好成套柴油发电机组的型号，并绘制发电机房的布置图。

不间断电源（UPS）是一种由蓄电池、变换器、控制装置组成的储能设备。在正常运行时，将电网的交流电能经整流器变换为直流电，储存在蓄电池内，当电网停电时，将蓄电池的电能经逆变器反馈给用电设备。它需要一套交直流变换装置，其价格较贵，维护量大，但能在线运行，可以实现完全不停电，适合特别重要的用电设备，一般供电时间只有15～30min。

应急电源EPS的工作原理与不间断电源UPS一样，由整流器、蓄电池、逆变器、隔离变压器、可控切换开关、监控保护装置等组成。其中变换器是由大功率可控晶闸管构成，最大功率可达几百千瓦。正常运行时，负荷由市电供电，当停电时才切换至应急电源EPS，切换时间为0.1～0.25s。EPS供电时间可分为30min、60min、120min三种规格。根据负荷的重要性，选择不同规格。

第三章　地基处理概述

第一节　地基处理的含义与目的

一、地基处理的概念

任何建筑物的荷载最终将传递到地基上，由于上部结构材料强度很高，而地基土强度很低，压缩性较大，因此通过设置一定结构形式和尺寸的基础才能解决这个矛盾。基础具有承上启下的作用，它一方面处于上部结构荷载及地基反力的共同作用下，承受由此产生的内力；另一方面，基础底面的反力反过来又作为地基土的荷载，使地基产生应力和变形。基础设计时，除了需保证基础结构本身具有足够的刚度和强度外，同时还需选择合理的基础尺寸和布置方案，使地基的强度和沉降保持在规范允许的范围内。因此，基础设计又常被称为地基基础设计。凡是基础直接建在未经加固的天然土层上时，这种地基称之为天然地基。若天然地基很软弱，则需要事先经过人工处理后再建造基础，这种地基称之为人工地基。地基处理工程的设计和施工质量直接关系到建筑物的安全，如处理不当，往往会发生工程事故，且事后补救大多比较困难。因此，对地基处理要求实行严格的质量控制和验收制度，以确保工程质量。

地基处理一般是指用于改善支承建筑物的地基（土或岩石）的承载能力或抗渗能力所采取的工程技术措施，主要分为基础工程措施和岩土加固措施。有的工程不改变地基的工程性质，而只采取基础工程措施；有的工程还同时对地基的土和岩石加固，以改善其工程性质。

随着国民经济的高速发展，不仅需要选择在地基条件良好的场地从事建设，而且有时也不得不在地质条件不良的地基上进行修建。另外，科学技术的日新月异也使结构物的荷载日益增大，对变形要求越来越严，因而原来一般可被评价为良好的地基，也可能在某种特定条件下非进行地基处理不可，因此，地基处理的重要地位也日益明显，已成为制约工程建设的主要因素，如何选择一种既满足工程要求，又节约投资的设计、施工和验算方法，已经刻不容缓地呈现在广大工程技术人员面前。

二、地基处理的目的和意义

软弱地基就是指压缩层主要由淤泥、淤泥质土、充填土、杂填土或其他高压缩性土层构成的地基。它是指基本上未经受过地形及地质变动，未受过荷载及地震动力等物理作用或土颗粒间的化学作用的软黏土、有机质土、饱和松砂土和淤泥质土等地层构成的地基。

软黏土（又称软土）是指近代沉积的软弱土层，由于它所具有的低强度、高压缩性和弱透水性，作为地基，常常成为棘手的工程地质问题。软黏土的成分主要包括饱含水分的软弱黏土和淤泥土，其工程性质主要取决于颗粒组成、有机质含量、土的结构、孔隙比及天然含水率。软黏土地基的共同特性是，天然含水率高，最小为30%～40%，最高可达200%；孔隙比大，最小为0.8～1.2，最大达5；压缩系数大；渗透系数小，一般小于1×10^{6}cm/s；灵敏度高，在2～10之间，灵敏度高的软土，经扰动后强度便降低很多。软弱地基的特点决定了在这种地基上建造工程，必须进行地基处理。地基处理的目的就是利用换填、夯实、挤密、排水、胶结、加筋和热学等方法对地基土进行加固，用以改良地基土的工程特性，主要包括以下方面。

（一）提高地基土的抗剪强度

地基的剪切破坏以及在土压力作用下的稳定性，取决于地基土的抗剪强度。因此，为了防止剪切破坏以及减轻土压力，需要采取一定措施以增加地基土的抗剪强度。

（二）降低地基的压缩性

主要是采用一定措施以提高地基土的压缩模量，以减少地基土的沉降。另外，防止侧向流动（塑性流动）产生持续的剪切变形，也是改善剪切特性的目的之一。

（三）改善透水特性

由于地下水的运动会引起地基出现一些问题，为此，需要采取一定措施使地基土变成不透水层或减轻其水压力。

（四）改善动力特性

地震时饱和松散粉细砂（包括一部分粉土）将会产生液化。因此，需要采取一定措施防止地基土液化，并改善其振动特性以提高地基的抗震特性。

（五）改善特殊土的不良地基特性

主要是指消除或减少黄土的湿陷性和膨胀土的膨胀性等以及其他特殊土的不良地基特性。软弱土地基经过处理，不用再建造深基础成设置桩基，防止了各类倒塌、下沉、倾斜等恶性事故的发生，确保了上部基础和建筑结构的使用安全和耐久性，具有巨大的技术和经济意义。

三、综合技术

（一）地基处理前

利用软弱土层作为持力层时，可按下列规定执行：

（1）淤泥和淤泥质土，宜利用其上覆较好土层作为持力层，当上覆土层较薄时，应采取避免施工时对淤泥和淤泥质土扰动的措施；

（2）冲填土、建筑垃圾和性能稳定的工业废料，当均匀性和密实度较好时，均可利用作为持力层；

（3）对于有机质含量较多的生活垃圾和对基础有侵蚀性的工业废料等杂填土，未经处理不宜作为持力层。局部软弱土层以及暗塘、暗沟等，可采用基础梁、换土、桩基或其他方法处理。在选择地基处理方法时，应综合考虑场地工程地质和水文地质条件、建筑物对地基要求、建筑结构类型和基础型式、周围环境条件、材料供应情况、施工条件等因素，经过技术经济指标比较分析后择优采用。

（二）地基处理设计时

地基处理设计时，应考虑上部结构，基础和地基的共同作用，必要时应采取有效措施，加强上部结构的刚度和强度，以增加建筑物对地基不均匀变形的适应能力。对已选定的地基处理方法，宜按建筑物地基基础设计等级，选择代表性场地进行相应的现场试验，并进行必要的测试，以检验设计参数和加固效果，同时为施工质量检验提供相关依据。

（三）地基处理后

经处理后的地基，当按地基承载力确定基础底面积及埋深而需要对地基承载力特征值进行修正时，基础宽度的地基承载力修正系数取零，基础埋深的地基承载力修正系数取1.0；在受力范围内仍存在软弱下卧层时，应验算软弱下卧层的地基承载力。对受较大水平荷载或建造在斜坡上的建筑物或构筑物，以及钢油罐、堆料场等，地基处理后应进行地基稳定性计算。结构工程师需根据有关规范分别提供用于地基承载力验算和地基变形验算的荷载值；根据建筑物荷载差异大小、建筑物之间的联系方法、施工顺序等，按有关规范和地区经验对地基变形允许值合理提出设计要求。地基处理后，建筑物的地基变形应满足现行有关规范的要求，并在施工期间进行沉降观测，必要时尚应在使用期间继续观测，用以评价地基加固效果和作为使用维护依据。复合地基设计应满足建筑物承载力和变形要求。地基土为欠固结土、膨胀土、湿陷性黄土、可液化土等特殊土时，设计要综合考虑土体的特殊性质，选用适当的增强体和施工工艺。复合地基承载力特征值应通过现场复合地基载荷试验确定，或采用增强体的载荷试验结果和其周边土的承载力特征值结合经验确定。

第二节　地基处理的对象及其特征

一、地基处理的对象

（一）软弱地基

《建筑地基基础设计规范》（GB50007—2011）中规定，软弱地基系指主要由淤泥、淤泥质土、冲填土、杂填地或其他高压缩性土层构成的地基。

1.软黏土

淤泥及淤泥质土总称为软黏土，一般是第四纪后期在滨海、湖泊、河滩、三角洲、冰碛等地质沉积环境下沉积形成的，还有部分冲填土和杂填土。这类土的物理特性大部分是饱和的，含有机质，天然含水率大于液限，孔隙比大于1。当天然孔隙比大于1.5时，称为淤泥；天然孔隙比大于1而小于1.5时，则称为淤泥质土。这类土工程特性甚为软弱，抗剪强度很低，压缩性较高，渗透性很小，并具有结构性，广泛分布于我国东南沿海地区和内陆江河湖泊的周围，是软弱土的主要土类，通称为软土。

（1）物理性质

黏粒含量较多，塑性指数lp一般大于17，属黏性土。软黏土多呈深灰、暗绿色，有臭味，含有机质，含水量较高、一般大于40%，而淤泥也有大于80%的情况。孔隙比一般为1.0～2.0，其中孔隙比为1.0～1.5称为淤泥质黏土，孔隙比大于1.5时称为淤泥。由于其高黏粒含量、高含水量、大孔隙比，因而其力学性质也就呈现与之对应的特点——低强度、高压缩性、低渗透性、高灵敏度。

（2）力学性质

软黏土的强度极低，不排水强度通常仅为5～30kPa，表现为承载力基本值很低，一般不超过70kPa，有的甚至只有20kPa。软黏土尤其是淤泥灵敏度较高，这也是区别于一般黏土的重要指标。

软黏土的压缩性很大。压缩系数大于0.5MPa^{-1}，最大可达45MPa^{-1}，压缩指数约为0.35～0.75。通常情况下，软黏土层属于正常固结土或微超固结土，但有些土层特别是新近沉积的土层有可能属于欠固结土。

渗透系数很小是软黏土的又一重要特点，一般在10^{-5}～10^{-8}cm/s之间，渗透系数小则固结速率就很慢，有效应力增长缓慢，从而沉降稳定慢，地基强度增长也十分缓慢。这一特点是严重制约地基处理方法和处理效果的重要方面。

（3）工程特性

软黏土地基承载力低，强度增长缓慢；加荷后易变形且不均匀；变形速率大且稳定时间长；具有渗透性小、触变性及流变性大的特点。常用的地基处理方法有预压法、置换法、搅拌法等。

软黏土在荷载作用下的强度会增长。

饱和软黏土地基在外荷载作用下随着孔隙水压力的消散以及土层的固结，土的抗剪强度也将会随之增长。

2.冲填土

在整治和疏通江河航道时，用泥浆泵将挖泥船挖出的泥砂，通过输泥管吹填到江河两岸而形成的沉积土，称为冲（吹）填土。

冲填土的成分比较复杂，以黏性土为例，由于土中含有大量的水分而难以排出，土体在沉积初期处于流动状态。因而冲填土属于强度较低、压缩性较高的欠固结土。另外，主要以砂或其他粗粒土所组成的冲填土，其性质基本上类似于粉细砂面不属于软弱土范围。可见，冲填土的工程性质主要取决于其颗粒组成、均匀性和沉积过程中的排水固结条件。

（1）工程性质

冲填土有别于素土回填，它具有一定的规律性。其工程性质与冲填土料、冲填方法、冲填过程及冲填完成后的排水固结条件、冲填区的原始地貌和冲填龄期等因素有关。第一，冲填土有的以砂粒为主，也有以黏粒或粉粒为主。在冲填土的入口处沉积的土粒较粗，甚至有石块，顺着出口处逐渐变细，除出口处及接近围堰的局部范围外，一般尚属均匀，但在冲填过程中间歇时间过长，或土料有变化则将造成冲填土纵横向的不均匀性。第二，冲填土料粗颗粒比细颗粒排水固结快，在其下层土质具有良好的排水固结条件下所形成的冲填土地基的强度和密实度随着龄期增长而加大。第三，冲填土料很细时，水分难以排出。土体形成初期呈流动状态，当其表面经自然蒸发后，常呈龟裂，下面水分不易排出，处于未固结状态，较长时间内可能仍处于流动状态，稍加扰动，即呈触变现象。第四，如原始地貌高低不平或局部低洼，冲填后水分更不易排出，固结极为缓慢，压缩性高。而冲填在斜坡地段上，则其排水固结条件就较好。第五，冲填土与自然沉积的同类土相比，强度低，压缩性高，常产生触变现象。在勘探钻孔时应防止涌土坍孔。土样运输时应避免受振动而水土分离，使试验成果不佳，必要时可进行现场十字板及载荷试验。

（2）特点

第一，冲填土的颗粒组成随泥砂的来源而变化，有的是砂粒，但在较多情况下是黏土粒和粉土粒。在吹泥的入口处，沉积的土粒较粗，甚至有石块，顺着出口处方向则逐渐变细。除出口处局部范围外，一般尚属均匀。但是，在冲填过程中由于泥砂的来源有所变化，造成冲填土在纵横方向上的不均匀性。第二，由吹泥的入口处到出口处，土粒沉淀后常形成约1‰的坡度。坡度的大小与土粒的粗细有关，一般含粗颗粒多的，坡度要大些。第三，由于土粒的不均匀分布，以及它表面形成的自然坡度的影响，越靠近出口处，土粒越细，排水越慢，土的含水量也越大。第四，冲填土的含水量较大，一般都大于液限。当土粒很细时，水分难以排出，土体在形成初期呈流动状态。当冲填土表面经自然蒸发后，表面常呈龟裂，但下面的土由于水分不易排出，仍处于流动状态，稍加扰动，即呈触变现象。第五，冲填前原地面的形状对冲填土的固结排水很有影响。如原地面高低不平或局部低洼，冲填后土内水分不易排出，就会使它在较长时间内仍处于饱和状态，故压缩性很高，而冲填土在坡岸上的情况，则其排水固结条件就比较好。

3.杂填土

杂填土是由于人类活动而任意堆填的建筑垃圾、工业废料和生活垃圾。杂填土的成因很不规律，组成物杂乱分布极不均匀，结构松散。它的主要特性是强度低、压缩性高和均匀性差，一般还具有浸水湿陷性。对有机质含量较多的生活垃圾和对基础有侵蚀性的工业废料等杂填土，未经处理不宜作为基础的持力层。

（1）分类

根据其物质组成和堆填时间可分为下列类型。

按主要物质组成分：

素填土：主要由各类土颗粒组成，其中夹有少量砖瓦片、炉渣、垃圾等杂物，有机物含量一般小于10%，土的颜色仍接近老土。按土的类别又可分为：碎石素填土、砂性素填土、黏性素填土。

房渣土：主要由砖头、瓦砾等建筑垃圾夹土类组成。

工业废渣土：主要由矿渣、炉渣、电石渣以及其他工业废渣夹少量土类组成。

生活垃圾土：主要由炉灰、菜皮、陶瓷片等生活垃圾组成。这种土一般含有机质和未分解的腐殖质较多。

按堆填时间分：

老填土：主要组成物为粗颗粒，其堆填时间在10年以上者；或主要组成物为细颗粒，其堆填时间在20年以上者，均称老填土。

新填土：堆填年限低于上述规定者称新填土。

（2）特性

由于杂填土是人类活动所形成的无规则堆填物，因而具有如下特性：第一，成分复杂。包含有碎砖、瓦砾和腐木等建筑垃圾，残骨、炉灰和杂物等生活垃圾和矿渣、煤渣和废土等工业废料。第二，无规律性。成层有厚有薄，性质有软有硬，土的颗粒和孔隙有大有小，强度和压缩性都有高有低。第三，性质随着堆填期龄而变化。填龄较短的杂填土往往在自重的作用下沉降尚未稳定，在水的作用下，细颗粒有被冲刷而塌陷的可能。一般认为，填龄达五年以上的填土，性质才逐渐趋于稳定。杂填土的承载力常随填龄增大而提高。第四，含腐殖质及水化物。以生活垃圾为主的填土，其中腐殖质的含量常较高。随着有机质的腐化，地基的沉降将增大；以工业残渣为主的填土，要注意其中可能含有水化物，因而遇水后容易发生膨胀和崩解，使填土的强度迅速降低。在大多数情况下，杂填土是比较疏松和不均匀的，在同一建筑场地的不同位置，其承载力和压缩性往往有较大的差异。如作为地基持力层，一般须经人工处理。

（3）工程性质

性质不均厚度变化大：由于杂填土的堆积条件、堆积时间，特别是物质来源和组成成分的复杂和差异，造成杂填土的性质很不均匀，分布范围及厚度的变化均缺乏规律性，带有极大的人为随意性，往往在很小范围内，就有很大的变化。当杂填土的堆积时间愈长，物质组成愈均匀、颗粒愈粗，有机物含量愈少，则作为天然地基的可能性愈大。

变形大并有湿陷性：就其变形特性而言，杂填土往往是一种欠压密土，一般具有较高的压缩性。对部分新的杂填土，除正常荷载作用下的沉降外，还存在自重压力下沉降及湿陷变形的特点；对生活垃圾土还存在因进一步分解腐殖质而引起的变形。在干旱和半干旱地区，干或稍湿的杂填土，往往具有浸水湿陷性。堆积时间短、结构疏松，这是杂填土浸水湿陷和变形大的主要原因。

压缩性大、强度低：杂填土的物质成分异常复杂，不同物质成分，直接影响土的工程性质。当建筑垃圾土的组成物以砖块为主时，则优于以瓦片为主的土。建筑垃圾土和工业废料土，在一般情况下优于生活垃圾土。因生活垃圾土物质成分杂乱，含大量有机质和未分解的植物质，具有很大的压缩性和很低的强度。即使堆积时间较长，仍较松软。

4.其他高压缩性土

饱和松散粉细砂（包括部分粉土）也应该属于软弱地基的范围。当机械设备振动或地震荷载重复作用于该类地基土时，将使地基土产生液化；基坑开挖时也会产生管涌。

对软弱地基的勘察，应查明软弱土层的均匀性、组成、分布范围和土质情况。对冲填土应了解排水固结条件，对杂填土应查明堆载历史，明确在自重作用下的稳定性和湿陷性等基本因素。

（二）特殊土地基

特殊土地基大部分具有地区性特点，它包括软黏土、湿陷性黄土、膨胀土、红黏土、冻土以及盐渍土、混合土等。

1.软黏土

软黏土是在静水或非常缓慢的流水环境中沉积，并经生物化学作用形成，其天然含水率大于液限，天然孔隙比大于1.0的黏性土。当软黏土的天然孔隙比大于1.5时称为淤泥。软黏土广布在我国东南沿海、内陆平原和山区，如上海、杭州、温州、福州、广州、宁波、天津和厦门等沿海地区，以及武汉和昆明等内陆地区。

软黏土的特性是天然含水率高、天然孔隙比大、抗剪强度低、压缩系数大、渗透系数小。在外荷载作用下地基承载力低、变形大、不均匀变形也大、透水性差和变形稳定历时较长。在比较深厚的软黏土层上，建筑物基础的沉降常持续数年乃至数十年之久。

（1）物理性质

黏粒含量较多，塑性指数lp一般大于17，属黏性土。软黏土多呈深灰、暗绿色，有臭味，含有机质，含水量较高、一般大于40%，而淤泥也有大于80%的情况。孔隙比一般为1.0～2.0，其中孔隙比为1.0～1.5称为淤泥质黏土，孔隙比大于1.5时称为淤泥。由于其高黏粒含量、高含水量、大孔隙比，因而其力学性质也就呈现与之对应的特点——低强度、高压缩性、低渗透性、高灵敏度。

（2）力学性质

软黏土的强度极低，不排水强度通常仅为5～30kPa，表现为承载力基本值很低，一般不超过70kPa，有的甚至只有20kPa。软黏土尤其是淤泥灵敏度较高，这也是区别于一般黏土的重要指标。

软黏土的压缩性很大。压缩系数大于0.5MPa^{-1}，最大可达45MPa^{-1}，压缩指数约为0.35～0.75。通常情况下，软黏土层属于正常固结土或微超固结土，但有些土层特别是新近沉积的土层有可能属于欠固结土。

渗透系数很小是软黏土的又一重要特点，一般在10^{-5}～10^{-8}cm/s之间，渗透系数小则固结速率就很慢，有效应力增长缓慢，从而沉降稳定慢，地基强度增长也十分缓慢。这一特点是严重制约地基处理方法和处理效果的重要方面。

（3）工程特性

软黏土地基承载力低，强度增长缓慢；加荷后易变形且不均匀；变形速率大且稳定时间长；具有渗透性小、触变性及流变性大的特点。常用的地基处理方法有预压法、置换法、搅拌法等。

软黏土在荷载作用下的强度会增长。

饱和软黏土地基在外荷载作用下随着孔隙水压力的消散以及土层的固结，土的抗剪强度也将会随之增长。

2.湿陷性黄土

凡天然黄土在上覆土的自重应力作用下，或在上覆土自重应力和附加应力的共同作用下，受水浸湿后土的结构迅速破坏而发生显著附加沉降的黄土，称为湿陷性黄土。

由于黄土的浸水湿陷而引起建（构）筑物的不均匀沉降是造成黄土地区工程事故的主要原因，设计时首先要判断其是否具有湿陷性，再考虑如何进行地基处理。

我国湿陷性黄土广泛分布在甘肃、陕西、黑龙江、吉林、辽宁、内蒙古、山东、河北、河南、山西、宁夏、青海和新疆等地。

（1）可能造成危害

在湿陷性黄土地基上进行工程建设时，必须考虑因地基湿陷引起附加沉降对工程可能造成的危害，选择适宜的地基处理方法，避免或消除地基的湿陷或因少量湿陷所造成的危害。

（2）工程特性

湿陷性黄土是一种特殊性质的土，其土质较均匀、结构疏松、孔隙发育。在未受水浸湿时，一般强度较高，压缩性较小。当在一定压力下受水浸湿时，土结构会迅速破坏，产生较大附加下沉，强度迅速降低。故在湿陷性黄土场地上进行建设，应根据建筑物的重要性、地基受水浸湿可能性的大小和在使用期间对不均匀沉降限制的严格程度，采取以地基处理为主的综合措施，防止地基湿陷对建筑产生危害。

我国湿陷性黄土的颗粒主要为粉土颗粒，约占总重量的50%～70%，而粉土颗粒中又以0.05～0.01mm的粗粉土颗粒为多，约占总重的40.60%，小于0.005mm的黏土颗粒较少，约占总重的14.28%，大于0.1mm的细砂颗粒占总重在5%以内，基本上无大于0.25mm的中砂颗粒。我国湿润陷性黄土的颗粒从西北向东南有逐渐变细的规律。

3.膨胀土

膨胀土是指土的黏性成分主要是由亲水性黏土矿物组成的黏性土，是一种吸水膨胀、失水收缩，具有较大的胀缩变形性能且反复变形的高塑性黏土。

我国膨胀土分布在广西、云南、湖北、河南、安徽、四川、河北、山东、陕西、江苏、贵州和广东等省。利用膨胀土作为建筑物地基时，必须进行地基处理。

（1）主要性质

膨胀土主要由亲水性矿物组成，有较强的胀缩性，一般呈棕、黄、褐色及灰白等色，常呈斑状，多含有钙质或铁锰质结构。土中裂隙较发育，有竖向、斜交和水平三种。距地表1～2m内，常有竖向张开裂隙。裂隙面呈油脂或蜡状光泽，时有擦痕或水渍，以及铁锰氧化物薄膜。膨胀土路堤会出现沉陷、边坡、坍塌、路肩坍塌和滑坡等破坏现象。路堑会出现剥落、冲蚀、滑坡等破坏。

膨胀土按黏土矿物分类，可以归纳为两大类：一类以蒙脱石为主，另一类以伊利石土和高岭土为主。按膨胀性分类可分为：弱膨胀、中膨胀、强膨胀三类。蒙脱石黏土在含水量增加时出现膨胀，而伊利石和高岭土则发生有限的膨胀，引起膨胀土发生变化的条件，分析概述如下：

含水量。膨胀土具有很高的膨胀潜势，这与它含水量的大小及变化有关。如果其含水量保持不变，则不会有体积变化。在工程施工中，建造在含水量保持不变的黏土上的构造物不会遭受由膨胀而引起的破坏。当黏土的含水量发生变化时，立即就会产生垂直和水平两个方向的体积膨胀。含水量的轻微变化，仅1%～2%的量值，就足以引起有害的膨胀。在安康地区，膨胀土对人们的危害较大，建造在膨胀土上的地板，在雨季来临时，土中含水量增加引起的地板翘起开裂屡见不鲜。

一般来讲，很干的黏土表示有危险。这类黏土能吸收很多的水，其结果是对结构物发生破坏性膨胀。反之，比较潮湿的黏土，由于大部分膨胀已经完成，进一步膨胀将不会很大。但应注意的是，潮湿的黏土，在水位下降或其他的条件变化时，可能变干，显示的收缩性也不可低估。

干容重。黏土的干容重与其天然含水量是息息相关的，干容重是膨胀土的另一重要指标。γ=18.0KN/m的黏土，通常显示很高的膨胀潜势。在安康地区，人们对这种土的评语是“硬得像石头”。这表明黏土将不可避免地出现膨胀问题。

（2）力学性质

通过土工试验，得出黏土的力学指标，以供土质力学上的计算。通常对膨胀土的力学分析，主要是对其膨胀潜势和膨胀压力的研究后得出的。

膨胀潜势：就是在室内按标准压密实验，把试样在最佳含水量时压密到最大容重后，使有侧限的试样在一定的附加荷载下，浸水后测定的膨胀百分率。膨胀率可以用来预测结构物的最大潜在的膨胀量。膨胀量的大小主要取决于环境条件，如润湿程度、润湿的持续时间和水分的转移方式等。因此，在工程施工中，改造膨胀土周围的环境条件，是解决膨胀土工程问题的一个出发点。

膨胀力，也就是膨胀压力，就是试样膨胀到最大限度以后，再加荷载直到回复到其初始体积为止所需的压力。对某种给定的黏土来说，其膨胀压力是常数，它仅随干容重而变化。因此，膨胀力可以方便地用作衡量黏土的膨胀特性的一种尺度。对于未扰动的黏土来讲，干容重是土的原位特征。所以在原位干容重时土的膨胀压力可以直接用来论述膨胀特性。

（3）影响因素

内在因素。主要是指矿物成分及微观结构两方面。矿物成分：膨胀土含大量的活性黏土矿物，如蒙脱石和伊利石，尤其是蒙脱石，比表面积大，在低含水量时对水有巨大的吸力，土中蒙脱石含量的多寡直接决定着土的胀缩性质的大小。微观结构：这些矿物成分在空间上的联结状态也影响其胀缩性质。经对大量不同地点的膨胀土扫描电镜分析得知，面—面连接的叠聚体是膨胀土的一种普遍的结构形式，这种结构比团粒结构具有更大的吸水膨胀和失水吸缩的能力。

外界因素。水分的迁移是控制土胀、缩特性的关键外在因素。因为只有土中存在着可能产生水分迁移的梯度和进行水分迁移的途径，才有可能引起土的膨胀或收缩。尽管某一种黏土具有潜在的较高的膨胀势，但如果它的含水量保持不变，则不会发生体积变化；相反，含水量的轻微变化，哪怕只是1%～2%的量值，就足以引起有害的膨胀。因此，判断膨胀土的胀缩性指标都是反映含水量变化时膨胀土的胀缩量及膨胀力大小的。

4.红黏土

在亚热带温湿气候条件下，石灰岩和白云岩等碳酸盐类岩石经风化作用所形成的褐红色黏性土，称为红黏土。

红黏土通常是较好的地基土，但由于下卧岩层面起伏变化，以及基岩的溶沟、溶槽等部位常常存在软弱土层，致使地基土层厚度及强度分布不均匀，此时容易引起地基的不均匀变形。

5.冻土

当温度低于0℃时，土中液态水冻结成冰并胶结土粒而形成的一种特殊土，称为冻土。冻土按冻结持续时间又分为季节性冻土和多年冻土。季节性冻土是指冬季冻结、夏季融化的土层。冻结状态持续三年以上的土层称为多年冻土或冻土。

季节性冻土在我国东北、华北和西北广大地区均有分布，因其呈周期性的冻结和融化，对地基的稳定性影响较大。例如，冻土区地基因冻胀而隆起，可能导致基础被抬起、开裂及变形，而融化又使地基沉降，再加上建筑物下面各处地基土冻融程度不均匀，往往造成建筑物的严重破坏。

（1）主要性状

诊断层和诊断特性。冻土具有永冻土壤温度状况，具有暗色或淡色表层，地表具有多边形土或石环状、条纹状等冻融蠕动形态特征。

形态特征。土体浅薄，厚度一般不超过50cm，由于冻土中土壤水分状况差异，反映在具常潮湿土壤水分状况的湿冻土和具干旱土壤水分状况的干冻土两个亚纲的剖面构型上有着明显差异，湿冻土剖面构型为O—Oi—Cg或Oi—Cg型，干冻土为J—Ah—Bz—Ck型。

理化性质。冻土有机质含量不高，腐殖质含量为10～20克每千克，腐殖质结构简单，70%以上是富里酸，呈酸性或碱性反应，阳离子代换量低，一般为10厘摩尔（+）每千克土左右，土壤黏粒含量少，而且淋失非常微弱，营养元素贫乏。

6.岩溶

喀斯特即岩溶，是水对可溶性岩石（碳酸盐岩、石膏、岩盐等）进行以化学溶蚀作用为主，流水的冲蚀、潜蚀和崩塌等机械作用为辅的地质作用，以及由这些作用所产生的现象的总称。由喀斯特作用所造成地貌，称喀斯特地貌（岩溶地貌）。

“喀斯特”原是南斯拉夫西北部伊斯特拉半岛上的石灰岩高原的地名，意思是岩石裸露的地方。那里有发育典型的岩溶地貌。“喀斯特”一词即为岩溶地貌的代称。中国是世界上对喀斯特地貌现象记述和研究最早的国家，早在晋代即有记载，尤以明徐弘祖（1586—1641）所著的《徐霞客游记》中的记述最为详尽。

喀斯特地貌分布在世界各地的可溶性岩石地区。可溶性岩石有3类：（1）碳酸盐类岩石（石灰岩、白云岩、泥灰岩等）。（2）硫酸盐类岩石（石膏、硬石膏和芒硝）。（3）卤盐类岩石（钾、钠、镁盐岩石等）。总面积达51×10^6平方千米，占地球总面积的10%。从热带到寒带、由大陆到海岛都有喀斯特地貌发育。较著名的区域有中国广西、云南和贵州等省（区），越南北部，南斯拉夫狄那里克阿尔卑斯山区，意大利和奥地利交界的阿尔卑斯山区，法国中央高原，俄罗斯乌拉尔山，澳大利亚南部，美国肯塔基和印第安纳州，古巴及牙买加等地。中国喀斯特地貌分布广、面积大。主要分布在碳酸盐岩出露地区，面积约91万～130万平方千米。其中以广西、贵州和云南东部所占的面积最大，是世界上最大的喀斯特区之一；西藏和北方一些地区也有分布。

岩溶主要出现在碳酸类岩石地区。其基本特性是地基主要受力层范围内受水的化学和机械作用而形成溶洞、溶沟、溶槽、落水洞以及土洞等。

我国岩溶地基广泛分布在贵州和广西两省。溶洞的规模不同，且沿水平方向延伸，有的有经常性水流，有的已干涸或被泥砂填实。

建造在岩溶地基上的建筑物，要慎重考虑可能会造成的地面变形和地基陷落。山区地基条件比较复杂，主要表现在地基的不均匀性和场地的稳定性两方面，基岩表面常常起伏大，而且可能存在大块孤石；另外还会遇到滑坡、崩塌和泥石流等不良地质现象。

二、地基处理的对象及其特性

软弱土是指淤泥、淤泥质土和部分冲填土、杂填土及其他高压缩性土。由软弱土组成的地基称为软弱土地基，一般具有下列工程特性。

（一）含水率较高，孔隙比较大

因为软黏土的成分主要由黏土粒组和粉土粒组组成，并含少量的有机质。黏粒的矿物成分为蒙脱石、高岭石和伊利石。这些矿物晶粒很细，呈薄片状，表面带负电荷，它与周围介质的水和阳离子相互作用，形成偶极水分子，并吸附于表面形成水膜。在不同的地质环境下沉积形成各种絮状结构。因此，这类土的含水率和孔隙比都比较高。根据统计，一般含水率为35%～80%，孔隙比为1～2。软黏土的高含水率和大孔隙比不但反映土中的矿物成分与介质相互作用的性质，同时也反映软黏土的抗剪强度和压缩性的大小。含水率愈大，土的抗剪强度愈小，压缩性愈大。反之，强度愈大，压缩性愈小。《建筑地基基础设计规范》（GB50007—2011）利用这一特性按含水率确定软黏土地基的承载力基本值。许多学者把软黏土的天然含水率与土的压缩指数建立相关关系，推算土的压缩指数。

由此可见，从软黏土的天然含水率可以略知其强度和压缩性的大小，欲要改善地基软黏土的强度和变形特性，那么首先应考虑采用何种地基处理的方法来降低软黏土的含水率。

（二）抗剪强度很低

根据土工试验的结果，我国软黏土的天然不排水抗剪强度一般小于20kPa，其变化范围约在5～25kPa。有效内摩擦角约为ϕ=20°～35°。固结不排水剪内摩擦角中ϕ_{cu}=12°～17°。正常固结的软黏土层的不排水剪切强度往往是随离地表深度的增加而增大，从地表往下每米的增长率约为1～2kPa。在荷载的作用下，如果地基能够排水固结，软黏土的强度将产生显著的变化，土层的固结速率愈快，软黏土的强度增加愈大。加速软黏土层的固结速率是改善软黏土强度特性的一项有效途径。

（三）压缩性较高

一般正常固结的软黏土层的压缩系数为a_{1-2}=0.5～1.5MPa^{-1}，最大可达到a_{1-2}=4.5MPa^{-1}；压缩指数为C_c=0.35～0.75，它与天然含水率的关系为$C_c=0.0147\omega-0.213$。天然状态的软黏土层大多数属于正常固结状态，但也有部分是属于超固结状态，近代海岸滩涂沉积为欠固结状态。欠固结状态土在荷重作用下产生较大沉降。超固结状态土，当应力未超过先期固结压力时，地基的沉降很小。因此研究软黏土的变形特性时应注意考虑软黏土的天然固结状态。先期固结压力P_c和超固结比OCR是表示土层固结状态的一个重要参数。它不但影响土的变形特性，同时也影响土的强度变化。

（四）渗透性很小

若软黏土层的厚度超过10cm，要使土层达到较大的固结度（如U=90%）往往需要5～10年之久。所以在软黏土层上的建筑物基础的沉降往往拖延很长时间才能稳定，同样荷载作用下地基土的强度增长也是很缓慢的。这对于改善地基土的工程特性是十分不利的。软黏土层的渗透性有明显的各向异性，水平向的渗透系数往往要比垂直向的渗透系数大，特别是含有水平夹砂层的软黏土层更为显著，这是改善软黏土层工程特性的一个有利因素。

（五）具有明显的结构性

软黏土一般为絮状结构，尤以海相黏土更为明显。这种土一旦受到扰动

（振动、搅拌、挤压等），土的强度显著降低，甚至呈流动状态。土的结构性常用灵敏度*S*表示。我国沿海软黏土的灵敏度一般为4～10，属于高灵敏土。因此，在软黏土层中进行地基处理和基坑开挖，若不注意避免扰动土的结构，就会加剧土体的变形，降低地基土的强度，影响地基处理的效果。

（六）具有明显的流变性

在荷载的作用下，软黏土承受剪应力的作用产生缓慢的剪切变形，并可能导致抗剪强度的衰减，在主固结沉降完毕之后还可能继续产生可观的次固结沉降。

根据上述软黏土的特点，以软黏土作为建筑物的地基是十分不利的。由于软黏土的强度很低，天然地基上浅基础的承载力基本值一般为50～80kPa，这就不能承受较大的建筑物荷载，否则就可能出现地基的局部破坏乃至整体滑动，在开挖较深的基坑时，就可能出现基坑的隆起和坑壁的失稳现象。由于软黏土的压缩性较高，建筑物基础的沉降和不均匀沉降是比较大的，对于一般4～7层的砌体承重结构房屋，最终沉降约为0.2～0.5m，对于荷载较大的构筑物（储罐、粮仓、水池）基础的沉降一般达0.5m以上，有些甚至达到2m以上。如果建筑物各部位荷载差异较大，体形又比较复杂，那就要产生较大的不均匀沉降。沉降和不均匀沉降过大将引起建筑物基础标高的降低，影响建筑物的使用条件，或者造成倾斜、开裂破坏。由于渗透性很小，固结速率很慢，沉降延续的时间很长，给建筑物内部设备的安装和与外部的连接带来许多困难，同时，软黏土的强度增长比较缓慢，长期处于软弱状态，影响地基加固的效果。由于软黏土具有比较高的灵敏度，若在地基施工中采取振动、挤压和搅拌等作用，就可能引起软黏土结构的破坏，降低软黏土的强度。因此，在软黏土地基上建造建筑物，则要求对软黏土地基进行处理。地基处理的目的主要是改善地基土的工程性质，达到满足建筑物对地基稳定和变形的要求，包括改善地基土的变形特性和渗透性，提高其抗剪强度和抗液化能力，消除其他不利的影响。

三、地基处理方法

（一）地基处理方法的选用原则

选用地基处理方法要力求做到安全适用、技术先进、经济合理、确保质量、保护环境。我国地域辽阔，工程地质和水文地质条件千变万化，各地施工机械条件、技术水平、经验积累以及建筑材料品种与价格差异很大，在选用地基处理方法时一定要因地制宜，要充分发挥各地的优势，有效地利用地方资源。

（二）地基处理的核心

地基处理的核心是处理方法的正确选择与实施。而对于具体工程来讲，在选择处理方法时需要综合考虑各种影响因素，包括：建筑的体型、刚度，结构受力体系，建筑材料和使用要求，荷载大小、分布和种类，基础类型、布置和埋深，基底压力，天然地基承载力，稳定安全系数，变形容许值，地基土的类别、加固深度、上部结构要求、周围环境条件，材料来源，施工工期，施工队伍技术素质，施工技术条件，设备状况和经济指标等。

对地基条件复杂，需要应用多种处理方法的重大项目，还要详细调查施工区内地形及地质成因、地基成层状况、软弱土层厚度、不均匀性和分布范围、持力层位置及状况、地下水情况及地质土的影响、占地大小、工期及用料等。只有综合分析上述因素，才能获得最佳的处理效果。

（三）地基处理方案的确定步骤

（1）收集详细的工程地质、水文地质及地基基础的设计资料。

（2）对初步选定的各种地基处理方案，分别从处理效果、材料来源及消耗、机具条件、施工进度、环境影响等方面进行认真的技术经济分析和对比，根据安全可靠、施工方便、经济合理等原则，因地制宜地选择最佳的处理方法。每一种处理方法都有其对应的适用范围和优缺点，有时也可选择两种或多种地基处理方法组成的综合方案。

（3）对已选定的地基处理方法，应按建筑的重要性和场地复杂程度，可在有代表性的场地上进行相应的现场试验和试验性施工，并进行必要的测试，以验算设计参数。

（4）根据结构类型、荷载大小及使用要求，结合地形地貌、地层结构、土质条件、地下水特征、周围环境和相邻建筑等因素，初步拟订几种可供选择的地基处理方案。在选择地基处理方案时，要考虑上部结构、基础和地基的共同作用；也可选用加强结构措施和处理地基相结合的方案。

（四）地基处理方法的划分依据

地基处理方法的分类可有多种，具体包括：

（1）按时间分为临时处理和永久处理；

（2）按处理深度可分为浅层处理和深层处理；

（3）按处理土性对象可分为砂性土处理和黏性土处理、饱和土处理和非饱和土处理；

（4）按照地基处理的作用机理可分为物理处理和化学处理；

（5）按机理划分，地基处理可分为置换、夯实、挤密、排水、胶结、加筋和冷热等处理方法。

（五）常用的地基处理方法原理

（1）置换是指用物理力学性质较好的岩土材料置换天然地基中部分或全部软弱土体，以形成双层地基或复合地基，达到提高地基承载力、减少沉降的目的。

（2）排水固结是指土体在一定荷载作用下排水固结，孔隙比减小，抗剪强度提高，以达到提高地基承载力，减少完工后沉降的目的。

属于排水固结的地基处理方法按在地基中设置竖向排水系统可分为：普通砂井法、袋装砂井法和塑料排水带法等。

（3）灌入固化物是指向土体中灌入或拌入水泥、石灰、其他化学固化浆材，在地基中形成增强体，以达到地基处理的目的。

灌入固化物的地基处理方法有：深层搅拌法、高压喷射注浆法、渗入性灌浆法、劈裂灌浆法、挤密灌浆法等。

（4）振密、挤密是指采用振动或挤密的方法使地基土体密实以达到提高地基承载力和减少沉降的目的。

振密、挤密的地基处理方法有：表层原位压实法、强夯法、振冲密实法、挤密砂石桩法、爆破挤密法、土桩和灰土桩法、夯实水泥土桩法、柱锤冲扩桩法和孔内夯扩法等。

（5）加筋是在地基中设置强度高、模量大的筋材，以达到提高地基承载力、减少沉降的目的。加筋地基处理方法有：加筋土垫层法、加筋土挡墙法和土钉墙法等。

加筋法适用于人工填土的路堤和挡墙结构。

（6）冷热处理是通过冻结地基土体或焙烧、加热地基土体以改变土体物理力学性质达到地基处理的目的。

加固原理主要属于冷热处理的地基处理方法有：冻结法和烧结法。冻结法适用于饱和砂土或软黏土，作为施工临时措施。

（7）托换是指对原有结构物地基和基础需要进行处理、加固或改建，在原有结构物基础下需要修建地下工程以及邻近建造新工程而影响到原有结构物的安全等问题的技术总称。托换技术有：基础加宽技术、桩式托换技术、地基加固技术以及综合加固技术等。

（8）纠倾是指对由于沉降不均匀造成倾斜的建筑物进行矫正。迁移是将已有建筑物从原来的位置移到新的位置。

纠倾技术有：加载纠倾技术、陶土纠倾技术、顶升纠倾技术和综合纠倾技术等。

（六）常用地基处理方法

1.机械碾压法的适用条件和特点

（1）常用于基坑面积大、开挖土方量大的回填土方工程；

（2）适用于处理浅层软弱地基（厚度不大于3m）、湿陷性黄土地基（厚度不大于5m），膨胀土地基、季节性冻土地基、素填土和杂填土地基；

（3）对地下水位较高的重要工程，需降低地下水位施工。

2.平板振动法的适用条件和特点

（1）适用于处理非饱和无黏性土地基或黏粒含量少和透水性好的杂填土地基；

（2）仅限于浅层处理，一般不大于3m，对于湿陷性黄土地基不大于5m。

3.强夯法的使用条件和特点

强夯法是利用强大的夯击能迫使深层土体液化和动力固结，使土体密实，用以提高地基承载力、减少沉降，消除土的湿陷性、胀缩性和液化性。强夯置换是指对厚度小于7m的软弱土层边夯边填碎石等粗颗粒材料，形成深度为3～7m、直径为2m左右的碎石柱体，与周围土体形成复合地基。

（1）强夯法适用于碎石土、素填土、杂填土、低饱和度的粉土与黏性土以及湿陷性黄土。

（2）强夯置换法通用于高饱和度的粉土和软塑、流塑的黏性土等地基上对控制变形要求不严的工程，对淤泥、泥炭等黏性软弱土层，置换墩应穿透软弱土层。

（3）施工速度快、施工质量容易保证，经处理后土性较为均匀，造价经济，适用于处理大面积场地。

（4）因施工产生很大振动和噪声，不宜在闹市区施工。

4.挤密桩法的使用条件和特点

挤密桩法是利用挤密或振动使深层土体密实，并在振动或挤密过程中，回填碎石、砾石、砂、石灰、土、灰土等材料，形成碎石桩、砂桩、砂石桩、石灰桩、土桩、灰土桩等，与桩间土一起形成复合地基，从而提高地基承载力，减少沉降量，消除或部分消除土的湿陷性和液化性。

（1）砂桩挤密法一般适用于杂填土和松散砂土，对软土地基经试验证明加固有效时也可使用。

（2）石灰桩适用于软弱黏性土和杂填土，土桩、灰土桩挤密法一般适用于地下水位以上深度为5～15m的湿陷性黄土和人工填土。

5.水泥粉煤灰碎石桩法的适用条件和特点

水泥粉煤灰碎石桩法是由水泥、粉煤灰、碎石、石屑或砂加水拌和形成的高黏结强度桩，桩、桩间土和褥垫层一起构成复合地基，从而大幅度提高地基承载力，减少变形的地基处理方法。

（1）适用于处理黏性土、粉土、砂土和已自重固结的素填土等地基；

（2）对淤泥质土应通过现场试验确定其适用性。

注浆法是指通过注入水泥浆液或化学浆液使土层中的土粒胶结，来提高地基承载力，减少沉降、增加稳定性、防止渗漏的地基处理方法。

注浆法适用于处理岩基、砂土、粉土、淤泥质黏土、粉质黏土、黏土和一般人工填土，也可用于加固工程。

高真空击密法是指高真空排水和强夯击密这两道工序相结合，对软土地基进行交替、多遍处理的一种方法，适用于荷载不大、作用范围比较小的工程。

水下真空预压法是真空预压在水中的应用，通常水下真空预压与堆载预压结合在一起，利用真空产生的负超静水压力，加上水荷载为主和堆载预压为辅联合加固土体，加快土体加固进度和强度，缩短工期，节省原材料，节约投资成本。

刚—柔性桩组合法是一种由刚性桩和柔性桩结合起来的长短桩所形成的新型复合地基，这种复合地基最大限度地利用了两种桩的特点，提高了桩间土的参与作用，有效地提高了地基强度，减少了沉降，加快了施工速度，并降低了造价。

长板短桩法采用水泥搅拌桩和塑料排水板联合处理的组合型复合地基，其特点是将高速公路填土施工和预压的过程作为路基处理的过程，充分利用填土荷载加速路基沉降，以达到减小工后沉降的目的。

第三节　地基处理方法分类及应用范围

一、地基处理的方法分类及适用范围

近年来许多重要的工程和复杂的工业厂房在软弱土地基上兴建，工程实践的要求推动了软弱土地基处理技术的迅速发展，地基处理的途径愈来愈多，考虑问题的思路日益新颖。

（一）换土垫层法

1.垫层法

其基本原理是挖除浅层软弱土或不良土，分层碾压或夯实土，按回填的材料可分为砂（或砂石）垫层、碎石垫层、粉煤灰垫层、干渣垫层、土（灰土、二灰土）垫层等。干渣分为分级干渣、混合干渣和原状干渣；粉煤灰分为湿排灰和调湿灰。换土垫层法可提高持力层的承载力，减少沉降量；常用机械碾压、平板振动和重锤夯实进行施工。

该方法常用于基坑面积宽大和开挖土方量较大的回填土方工程，一般适用于处理浅层软弱土层（淤泥质土、松散素填土、杂填土、浜填土以及已完成自重固结的冲填土等）与低洼区域的填筑。一般处理深度为2～3m，大于5m慎用。适用

于处理浅层非饱和软弱土层、素填土和杂填土等。

2.强夯挤淤法

采用边强夯、边填碎石、边挤淤的方法，在地基中形成碎石墩体，可提高地基承载力和减小变形。

该方法适用于厚度较小的淤泥和淤泥质土地基，应通过现场试验才能确定其适应性。

（二）振密、挤密法

振密、挤密法的原理是采用一定的手段，通过振动、挤压使地基土体孔隙比减小，强度提高，达到地基处理的目的。软黏土地基中常用强夯法，强夯法是利用强大的夯击能，迫使深层土液化和动力固结，使土体密实，用以提高地基土的强度并降低其压缩性。

（三）排水固结法

其基本原理是软黏土地基在附加荷载的作用下，逐渐排出孔隙水，使孔隙比减小，产生固结变形。在这个过程中，随着土体超静孔隙水压力的逐渐消散，土的有效应力增加，地基抗剪强度相应增加，并使沉降提前完成或提高沉降速率。

排水固结法主要由排水和加压两个系统组成。排水可以利用天然土层本身的透水性，尤其是上海地区多夹砂薄层的特点，也可设置砂井、袋装砂井和塑料排水板之类的竖向排水体。加压主要有地面堆载法、真空预压法和井点降水法。为加固软弱的黏土，在一定条件下，采用电渗排水井点也是合理而有效的。

1.堆载预压法

在建造建筑物以前，通过临时堆填土石等方法对地基加载预压，达到预先完成部分或大部分地基沉降，并通过地基土固结提高地基承载力，然后撤除荷载，再建造建筑物。临时的预压堆载一般等于建筑物的荷载，但为了减少由于次固结而产生的沉降，预压荷载也可大于建筑物荷载，称为超载预压。为了加速堆载预压地基固结速度，常可与砂井法或塑料排水带法等同时应用。如黏土层较薄，透水性较好，也可单独采用堆载预压法。该方法适用于软黏土地基。

2.砂井法（包括袋装砂井、塑料排水带等）

在软黏土地基中，设置一系列砂井，在砂井之上铺设砂垫层或砂沟，人为地增加土层固结排水通道，缩短排水距离，从而加速固结，并加速强度增长。砂井法通常辅以堆载预压，称为砂井堆载预压法。

该方法适用于透水性低的软弱黏性土，但对于泥炭土等有机质沉积物不适用。

3.真空预压法

在黏土层上铺设砂垫层，然后用薄膜密封砂垫层，用真空泵对砂垫层及砂井抽气，使地下水位降低，同时在大气压力作用下加速地基固结。

该方法适用于能在加固区形成（包括采取措施后形成）稳定负压边界条件的软黏土地基。

4.真空—堆载联合预压法

当真空预压达不到要求的预压荷载时，可与堆载预压联合使用，其堆载预压荷载和真空预压荷载可叠加计算。

该方法适用于软黏土地基。

5.降低地下水位法

通过降低地下水位使土体中的孔隙水压力减小，从而增大有效应力，促进地基固结。该方法适用于地下水位接近地面而开挖深度不大的工程，特别适用于饱和粉、细砂地基。

6.电渗排水法

在土中插入金属电极并通以直流电，由于直流电场作用，土中的水从阳极流向阴极，然后将水从阴极排除，而不让水在阳极附近补充，借助电渗作用可逐渐排除土中的水。在工程上常利用它降低黏性土中的含水率或降低地下水位来提高地基承载力或边坡的稳定性。

该方法适用于饱和软黏土地基。

（四）置换法

其原理是以砂、碎石等材料置换软黏土，与未加固部分形成复合地基，以达到提高地基强度的目的。

1.振冲置换法（或称碎石桩法）

振冲置换法也被称作碎石桩法，该方法是利用一种单向或双向振动的冲头，边喷高压水流边下沉成孔，然后边填入碎石边振实，形成碎石桩。桩体和原来的黏性土构成复合地基，以提高地基承载力和减小沉降。

该方法适用于不排水抗剪强度大于20kPa的淤泥、淤泥质土、砂土、粉土、黏性土和人工填土等地基。对不排水抗剪强度小于20kPa的软黏土地基，采用碎石桩时须慎重。

2.石灰桩法

在软弱地基中用机械成孔，填入作为固化剂的生石灰并压实形成桩体，利用生石灰的吸水、膨胀、放热作用以及土与石灰的物理化学作用，改善桩体周围土体的物理力学性质，同时桩与土形成复合地基，达到地基加固的目的。

该方法适用于软弱黏性土地基。

3.强夯置换法

对于厚度小于6m的软弱土层，边夯边填碎石，形成深度为3～6m、直径为2m左右的碎石柱体，与周围土体形成复合地基。

该方法适用于软黏土。

4.水泥粉煤灰碎石桩（CFG桩）

水泥粉煤灰碎石桩是在碎石桩基础上加进一些石屑、粉煤灰和少量水泥，加水拌和，用振动沉管打桩机或其他成桩机具制成的具有一定黏结强度的桩。桩和桩间土通过褥垫层形成复合地基。

该方法适用于填土、饱和及非饱和黏性土、砂土、粉土等地基。

5.EPS超轻质料填土法

发泡聚苯乙烯（EPS）的重度只有土的1/50～1/100，并具有较好的强度和压缩性能，用于填土料可有效地减少作用在地基上的荷载，需要时也可置换部分地基土，以达到更好的效果。

该方法适用于软弱地基上的填方工程。

（五）加筋法

通过在土层中埋设强度较大的土工聚合物、拉筋、受力杆件等提高地基承载力、减小沉降或维持建筑物稳定。

1.土工合成材料

土工合成材料是岩土工程领域中的一种新型建筑材料，是用于土工技术和土木工程，而以聚合物为原料的具渗透性的材料名词的总称。它是将由煤、石油、天然气等原材料制成的高分子聚合物通过纺丝和后处理制成纤维，再加工制成各种类型的产品，置于土体内部、表面或各层土体之间，以发挥加强或保护土体的作用。常见的这类纤维有：聚酰胺纤维（PA，如尼龙、锦纶）、聚酯纤维（PF，如涤纶）、聚丙烯纤维（PP，如腈纶）、聚乙烯纤维（PE，如维纶）以及聚氯乙烯纤维（PVC，如氯纶）等。

利用土工合成材料的高强度、韧性等力学性能，扩散土中应力，增大土体的抗拉强度，改善土体或构成加筋土以及各种复合土工结构。土工合成材料的功能是多方面的，主要包括排水作用、反滤作用、隔离作用和加筋作用。

该方法适用于砂土、黏性土和软黏土，或用作反滤、排水和隔离材料。

2.加筋土

把抗拉能力很强的拉筋埋置在土层中，通过土颗粒和拉筋之间的摩擦力形成一个整体，用以提高土体的稳定性。

该方法适用于人工填土的路堤和挡墙结构。

3.土层锚杆

土层锚杆是依赖于土层与锚固体之间的黏结强度来提供承载力的，它使用在一切需要将拉应力传递到稳定土体中去的工程结构，如边坡稳定、基坑围护结构的支护、地下结构抗浮、高耸结构抗倾覆等。

该方法适用于一切需要将拉应力传递到稳定土体中去的工程。

4.土钉

土钉技术是在土体内放置一定长度和分布密度的土钉体，与土共同作用，用以弥补土体自身强度的不足。其不仅提高了土体整体刚度，又弥补了土体的抗拉和抗剪强度低的弱点，显著提高了整体稳定性。

该方法适用于开挖支护和天然边坡的加固。

5.树根桩法

在地基中沿不同方向，设置直径为75～250mm的细桩，可以是竖直桩，也可以是斜桩，形成如树根状的群桩，以支撑结构物或用以挡土，稳定边坡。

该方法适用于软弱黏性土和杂填土地基。

（六）胶结法

在软弱地基中部分土体内掺入水泥、水泥砂浆以及石灰等物，形成加固体，与未加固部分形成复合地基，以提高地基承载力和减小沉降。

1.注浆法

其原理是用压力泵把水泥或其他化学浆液注入土体，以达到提高地基承载力、减小沉降、防渗、堵漏等目的。

该方法适用于处理岩基、砂土、粉土、淤泥质黏土、粉质黏土、黏土和一般人工填土，也可加固暗浜和使用在托换工程中。

2.高压喷射注浆法

将带有特殊喷嘴的注浆管，通过钻孔置入要处理土层的预定深度，然后将水泥浆液以高压冲切土体，在喷射浆液的同时，以一定速度旋转、提升，形成水泥土圆柱体；若喷嘴提升而不旋转，则形成墙状固结体。通过高压喷射注浆，可以提高地基承载力、减小沉降、防止砂土液化、管涌和基坑隆起。

该方法适用于淤泥、淤泥质土、人工填土等地基。对既有建筑物可进行托换加固。

3.水泥土搅拌法

利用水泥、石灰或其他材料作为固化剂的主剂，通过特别的深层搅拌机械，在地基深处就地将软黏土和固化剂（水泥或石灰的浆液或粉体）强制搅拌，形成坚硬的拌和柱体，与原地层共同形成复合地基。

该方法适用于淤泥、淤泥质土、粉土和含水率较高且地基承载力标准值不大于120kPa的黏性土地基。

（七）冷热处理法

冷热处理法主要有冻结法和烧结法两种。

1.冻结法

通过人工冷却，使地基温度降低到孔隙水的冰点以下，使之冷却，从而具有理想的截水性能和较高的承载力。

该方法适用于软黏土或饱和的砂土地层中的临时措施。

2.烧结法

通过渗入压缩的热空气和燃烧物，并依靠热传导，而将细颗粒土加热到100℃以上，从而增加土的强度，减小变形。

该方法适用于非饱和黏性土、粉土和湿陷性黄土。

（八）其他方法

1.锚杆静压桩

锚杆静压桩是结合锚杆和静压桩技术发展起来的，它是利用建筑物的自重作为反力架的支承，用千斤顶把小直径的预制桩逐段压入地基，在将桩顶和基础紧固成一体后卸荷，以达到减少建筑物沉降的目的。

该方法主要适用于加固处理淤泥质土、黏性土、人工填土和松散粉土。

2.沉降控制复合桩基

沉降控制复合桩基是指桩与承台共同承担外荷载，按沉降要求确定用桩数量的低承台摩擦桩基。目前上海地区沉降控制复合桩基中的桩，宜采用桩身截面边长为250mm、长细比在80左右的预制混凝土小桩，同时工程中实际应用的平均桩距一般在5～6倍桩径以上。

该方法主要适用于较深厚软弱地基上，以沉降控制为主的八层以下多层建筑物。

第四节　地基处理方法的选用原则

一、地基处理设计前的工作内容

对建造在软弱地基上的工程进行设计以前，必须首先进行相关调查研究，主要内容如下。

（一）上部结构条件

建造物的体型、刚度、结构受力体系、建筑材料和使用要求；荷载大小、分布和种类；基础类型、布置和埋深；基底压力、天然地基承载力、地基稳定安全系数和变形容许值等。

（二）地基条件

建筑物场地所处的地形及地质成因、地基成层情况；软弱土层厚度、不均匀性和分布范围；持力层位置的状况；地下水情况及地基土的物理和力学性质等。

各种软弱地基的性状各不相同，现场地质条件随着场地的不同也是多变的，即使是同一种土质条件，也可能有多种地基处理方案。

如果根据软弱土层厚度确定地基处理方案，当软弱土层较薄时，可采用简单的浅层加固办法，如换土垫层法；当软弱土层较厚时，可以按被加固土的特性和地下水的高低采用排水固结法、挤密桩法、振冲法或强夯法。

如遇砂性土地基，若主要考虑解决砂土的液化问题，一般可采用强夯法、振冲法、挤密桩法或灌浆法。

如遇淤泥质土地基，由于其透水性差，一般应采用竖向排水井和堆载预压法、真空预压法、土工聚合物等；而采用各种深层密实法处理淤泥质土地基时要慎重对待。

（三）环境影响

在地基处理施工中应该考虑场地环境的影响，如采用强夯法和砂桩挤密法等施工时，振动和噪声会对邻近建筑物和居民产生影响和干扰；采用堆载预压法时，将会有大量的土方运进输出，既要有堆放场地，又不能妨碍交通；采用真空预压法或降水预压法时，往往会使邻近建筑物的地基产生附加沉降；采用石灰桩或灌浆法时，有时会污染周围环境。总之，施工时对场地的环境影响也不是绝对的，应慎重对待，妥善处理。

（四）施工条件

1.用地条件

如果施工时占地较多，对工程施工来说较为方便，但有时又会影响工程造价。

2.工期

从施工角度来讲，工期不宜太紧，这样可以有条件地选择缓慢加荷的堆载预压法等方法，且施工期间的地基稳定性会增大。但有时工程要求缩短工期，早日完工投入使用，这样就限制了某些地基处理方法的采用。

3.工程用料

尽可能就地取材，如当地产砂，就应该考虑采用砂垫层或挤密砂桩等方法的可能性；如有石料供应，就应考虑碎石垫层和碎石桩等方法。

4.其他条件

如当地某些地基处理的施工机械的有无、施工的难易程度、施工管理质量控制、施工管理水平和工程造价等因素也是采用何种地基处理方法的关键影响因素。

二、地基处理方法的选用原则

地基处理工程要做到确保工程质量、经济合理和技术先进。我国地域辽阔，工程地质条件千变万化，各地施工机械条件、技术水平、经验积累，以及建筑材料品种、价格差异很大，在选用地基处理方法时一定要因地制宜，具体工程具体分析，要充分发挥地方优势，利用地方资源。地基处理方法很多，每种处理方法都有一定的适用范围、局限性和优缺点。没有一种地基处理方法是万能的。要根据具体工程情况，因地制宜确定合适的地基处理方法。在引用外地或外单位某一方法时应该克服盲目性，注意地区特点。因地制宜是选用地基处理方法的一项重要的选用原则。

首先，根据建（构）筑物对地基的各种要求和天然地基条件确定地基是否需要处理。若天然地基能够满足建（构）筑物对地基的要求，应尽量采用天然地基。若天然地基不能满足建（构）筑物对地基的要求，则需要确定进行地基处理的天然地层的范围以及地基处理的要求。

当天然地基不能满足建（构）筑物对地基要求时，应将上部结构、基础和地基统一考虑。在考虑地基处理方案时，应重视上部结构、基础和地基的共同作用。不能只考虑加固地基，应同时考虑上部结构体型是否合理，整体刚度是否足够等。在确定地基处理方案时，应同时考虑只对地基进行处理的方案，或选用加强上部结构刚度和地基处理相结合的方案，否则不仅会造成不必要的浪费且可能带来不良后果。

在具体确定地基处理方案前，应根据天然地层的条件、地基处理方法的原理、过去应用的经验和机具设备、材料条件，进行地基处理方案的可行性研究，提出多种技术上可行的方案；然后，对提出的多种方案进行技术、经济、进度等方面的比较分析，并重视考虑环境保护要求，确定采用一种或几种地基处理方法。这也是地基处理方案的优化过程。最后，根据初步确定的地基处理方案，根据需要决定是否进行小型现场试验或进行补充调查。然后进行施工设计，再进行地基处理施工。施工过程中要进行监测、检测，如需要还要进行反分析，根据情况可对设计进行修改、补充。

实际工程中对天然地基工程地质条件的详细了解往往被忽视，许多由地基问题造成的工程事故，或地基处理达不到预期目的，往往是由于对工程地质条件了解不够全面造成的。详细的工程地质勘察是判断天然地基能否满足建（构）筑物对地基要求的重要依据之一。如果需要进行地基处理，详细的工程地质勘察资料是确定合理的地基处理方法的主要基本资料之一。

通过工程地质勘察，调查建筑物场地的地形地貌，查明地质条件，包括岩土的性质、成因类型、地质代、厚度和分布范围。对地基中是否存在明浜、暗浜、古河道、古井、古墓要了解清楚。对于层，还应查明风化程度及地层的接触关系，调查天然地层的地质构造，查明水文及工程地质条件，确定有无不良地质现象，如滑坡、崩塌、岩溶、土洞、冲沟、泥石流、岸边冲刷及地震等。测定地基土的物理力学性质指标，包括：天然重度、相对密度、颗粒分析、塑性指数、渗透系数、压缩系数、压缩模量、抗剪强度等。最后按照要求，对场地的稳定性和适宜性，地基的均匀性、承载力和变形特性等进行评价。另外，需要强调进行地基处理多方案比较。对一具体工程，技术上可行的地基处理方案往往有几个，应通过技术、经济、进度等方面综合分析，以及对环境的影响，进行地基处理方案优化，以得到较好的地基处理方案。

第五节　地基处理方案确定

一、地基处理方案选择的步骤

地基处理方案的选择一般应先做好调查研究，详细了解上部结构体系与类型、地质情况、环境影响以及施工条件等。地基处理方案的选定，一般可按以下步骤进行。

（一）收集详细的工程地质、水文地质及地基的基础设计资料

根据基础结构类型、荷载大小和使用要求，结合所了解到的地质资料、周围环境和相邻建筑物的情况，初步选定几种可供考虑的地基处理方案。在选择地基处理方案时，可以考虑采取加权上部结构、基础刚度的措施，使其与地基处理共同作用。

（二）对初步选用的几种地基处理方案进行筛选和分析对比

分别从工程、地质、水文状况，以及加固效果、材料消耗及来源、施工机具、场地条件、工程进度要求、环境影响、地基处理费用等方面进行综合的技术与经济分析比较，根据技术可行、质量安全可靠、施工方便、经济合理，又能满足进度要求等原则，因地、因工程进行优选。

在选用方法时要克服盲目性，因为每一种地基处理方案都有其一定的适用条件、优缺点和局限性，没有哪一种方法是万能的。有时可以选用一种处理方法，也可选用两种或两种以上地基处理方法组成的综合处理方案。同时还应节约能源、保护环境，避免因地基处理对周围环境产生不良影响。

（三）对选定方案进行实地检验

对已选定的地基处理方案，应在有代表性的场地上进行相应的原位现场试验

或试验性施工，以检验涉及参数、施工工艺的合理性和处理效果，若没有达到设计要求，应查明原因，采取措施或修正地基处理方案，直至满足要求为止。

在地基处理方案确定后，应做好施工技术管理，以保证方案的正确实施，达到预期的良好效果。地基的处理要尽量提早施工，以便通过调整施工速度，发挥时间效应，确保地基的稳定和安全。对初步选定的几种地基处理方案，分别从加固机理、适用范围、预期效果、材料来源、机具条件、工期、队伍素质、环境、经济性等方面进行对比，确定最佳方案。

二、地基处理方案选择应注意的因素

地基处理方案受上部结构、地基条件、环境影响和施工条件四方面的影响。在制定地基处理方案之前，应充分调查掌握如下影响因素。

（一）上部结构形式和要求

（1）建筑物的体型、刚度、结构受力体系、建筑材料和使用要求。

（2）荷载大小、分布和种类；基础类型、布置和埋深。

（3）基底压力、天然地基承载力和变形容许值等。

上述因素决定了地基处理方案制定的目标。

（二）地基条件

（1）地形及地质成因、地基成层状况。

（2）软弱土层厚度、不均匀性和分布范围。

（3）持力层位置及状况。

（4）地下水情况及地基土的物理和力学性质。

（三）地基处理方案的选择依据

（1）根据软弱土层厚度确定地基处理方案，当软弱土层厚度较薄时，可采用简单的浅层加固的方法，如换土垫层法。

（2）当软弱土层厚度较厚时，则可按加固土的特性和地下水位高低采用排水固结法、水泥土搅拌桩法、挤密桩法、振冲法和强夯法等。

（3）如遇砂性土地基，若主要考虑解决砂土的液化问题，则一般可采用强夯法、振冲法或挤密桩法等。

（4）如遇软土层中夹有薄砂层，则一般不需设置竖向排水井，而可直接采用堆载预压法；另外，根据具体情况也可采用挤密桩法等。

（5）如遇淤泥质土地基，由于其透水性差，一般应采用竖向排水井和堆载预压法、真空预压法、土工合成材料、水泥土搅拌法等。

（6）如遇杂填土、冲填土（含粉细砂）和湿陷性黄土地基，在一般情况下采用深层密实法是可行的。

三、地基处理方案设计前的调查研究内容

（1）结构条件包括：建（构）筑物的体型、刚度、荷载大小，基础类型、埋深，基底压力以及天然地基承载力、安全系数和容许变形值等。

（2）地基条件包括：地形，地质成因，软土厚度、不均匀性和分布范围，地下水情况，地基土物理性质、力学性质以及持力层位置和状况等。

（3）环境条件包括：环境污染，噪声，土方运出，石灰水泥的粉尘污染及对建（构）筑物周围地基产生附加下沉等。

（4）施工条件包括：用地条件，施工工期，工程用料，施工机械，当地施工环境等。

第四章　换填垫层法

第一节　概述

一、概念

换填法又称换土法。所谓换土法是指将路基范围内的软土清除，用稳定性好的土、石回填并压实或夯实。在公路施工中，一般采用的是开挖换填天然砂砾，即在一定范围内，把影响路基稳定性的淤泥软土用挖掘机挖除，用天然砂砾进行换置，开挖换填深度在2m以内，采用分层填筑、分层压实、分层检测压实度的方法施工。从而改变地基的承载力特性，提高抗变形和稳定能力。在换填过程中，对于换填的天然沙砾中石头的粒径、含量和级配也应充分考虑，最好做试验检测，避免无法压实而引起沉降。

浅层处理和深层处理很难明确划分界限，一般可认为地基浅层处理的范围大致在地面以下5m深度以内。浅层人工地基的采用不仅取决于建筑物荷载量值的大小，而且在更大程度上与地基土的物理力学性质有关。地基浅层处理与深层处理相比，一般使用比较简便的工艺技术和施工设备，耗费较少量的材料。

二、适用范围

换填法就是将基础底面以下不太深的一定范围内的软弱土层挖去，然后以质地坚硬、强度较高、性能稳定、具有抗侵蚀性的砂、碎石、卵石、素土、灰土、煤渣、矿渣等材料分层充填，并同时以人工或机械方法分层压、夯、振动，使之达到要求的密实度，成为良好的人工地基。

换土垫层与原土相比，具有承载力高、刚度大、变形小等优点。

按换填材料的不同，将垫层分为砂垫层、砂卵石垫层、碎石垫层、灰土或素土垫层、煤渣垫层、矿渣垫层以及用其他性能稳定、无侵蚀性的材料做的垫层等。

换填法适用于浅层地基处理，包括淤泥、淤泥质土、松散素填土、杂填土、已完成自重固结的吹填土等地基处理以及暗塘、暗沟等浅层处理和低洼区域的填筑。换填法还适用于一些地域性特殊土的处理，用于膨胀土地基可消除地基土的胀缩作用，用于湿陷性黄土地基可消除黄土的湿陷性，用于山区地基可用于处理岩面倾斜、破碎、高低差，软硬不匀以及岩溶等，用于季节性冻土地基可消除冻胀力和防止冻胀损坏等。

第二节　垫层的作用

垫层的作用主要有以下几个方面：

（1）提高地基承载力，大家知道，浅基础的地基承载力与基础下土层的抗剪强度有关。如果以抗剪强度较高的砂或其他填筑材料代替较软弱的土，可提高地基的承载力，避免地基破坏。

（2）减少沉降量，一般地基浅层部分的沉降量在总沉降量中所占的比例是比较大的。以条形基础为例，在相当于基础宽度的深度范围内的沉降量约占总沉降量的50%。加以密实砂或其他填筑材料代替上部软弱土层，就可以减少这部分的沉降量。由于砂垫层或其他垫层对应力的扩散作用，使作用在下卧层土上的压力减小，这样也会相应减小下卧层土的沉降量。

（3）加速软弱土层的排水固结，建筑物的不透水基础直接与软弱土层相接触时，在荷载的作用下，软弱土地基中的水被迫绕基础两侧排出，因而使基底下的软弱土不易固结，形成较大的孔隙水压力，还可能导致由于地基强度降低而产生塑性破坏的危险。砂垫层和砂石垫层等垫层材料透水性大，软弱土层受压后，垫层可作为良好的排水面，可以使基础下面的孔隙水压力迅速消散，加速垫层下软弱土层的固结和提高其强度，避免地基土塑性破坏。

（4）防止冻胀，因为粗颗粒的垫层材料孔隙大，不易产生毛细管现象，因此可以防止寒冷地区土中结冰所造成的冻胀。这时，砂垫层的底面应满足当地冻结深度的要求。

（5）消除膨胀土的胀缩作用，在膨胀土地基上采用换土垫层法时，一般可选用砂、碎石、块石、煤渣或灰土等作为垫层，但是垫层的厚度应根据变形计算确定，一般不小于30cm，且垫层的宽度应大于基础的宽度，而基础两侧宜用与垫层相同的材料回填。

（6）消除湿陷性黄土的湿陷作用，采用素土、灰土或二灰土垫层处理湿陷性黄土，可用于消除1～3m厚黄土层的湿陷性。

（7）用于处理暗浜和暗沟的建筑场地，城市建筑场地。此类地基具有土质松软、均匀性差、有机质含量较高等特点，其承载力一般都满足不了建筑物的要求。一般处理的方法有基础加深、短柱支承和换土垫层。而换土垫层适用于需要处理范围较大，处理深度不大，土质较差，无法直接作为基础持力层的情况。

在各种不同类型的工程中，垫层所起的主要作用有时也是不同的。例如砂垫层可分为换土砂垫层和排水砂垫层两种。一般工业与民用建筑物基础下的砂垫层主要起换土的作用；而在路堤及土坝等工程，主要是利用砂垫层起排水固结作用，提高固结速率，促使地基土的强度增长。换土垫层视工程具体情况而异，软弱土层较薄时，常采用全部换土，软弱土层较厚时，可采用部分换土，并允许有一定程度的沉降及变形。

如前所述，换填法的主要作用是改善原地基土的承载力并减少其沉降量。这一目的通常是通过外界的压（夯、振）实来实现的。

当地基软弱土层较薄，而且上部荷载不大时，也可直接以人工或机械方法（填料或石填料）进行表层压、夯、振动等密实处理，同样可取得换填加固地基的效果。

第三节　土的压实原理

土的压实：是指土体在压实能量作用下，土颗粒克服粒间阻力，产生位移，使土中孔隙减小，密度增加。土的压实性：是指土在压实能量作用下能被压密的特性。影响土压实性的因素很多，主要有含水量、击实功及土的级配等。

一、土的压实与含水量的关系

在低含水量时，水被土颗粒吸附在土粒表面，土颗粒因无毛细管作用而互相联结很弱，土粒在受到夯击等冲击作用下容易分散而难于获得较高的密实度。

在高含水量时，土中多余的水分在夯击时很难快速排出而在土孔隙中形成水团，削弱了土颗粒间的联结，使土粒润滑而变得易于移动，夯击或碾压时容易出现类似弹性变形的“橡皮土”现象（软弹现象），失去夯击效果。

所以，含水量太高或太低都得不到好的压实效果。要使土的压实效果最好，其含水量一定要适当。

土的干密度是反映土的密实度的重要指标。

将同一种土，配制成若干份不同含水量的试样，用同样的压实能量分别对每一份试样进行击实后，测定各试样击实后的含水量和干密度，从而绘制含水量与干密度关系曲线，称为压实曲线。

压实曲线表明，存在一个含水量可使填土的干密度达到最大值，产生最好的击实效果。

最优含水量：将这种在一定夯击能量下填土最易压实并获得最大密实度的含水量称作土的最优含水量，用wop表示。

最大干密度：在最优含水量下得到的干密度称作填土的最大干密度，用ρdmax表示。

二、击实功

击实功是用击数来反应的，如用同一种土料，在同一含水量下分别用不同击数进行击实试验，就能得到一组随击数不同的含水量与干密度关系曲线。从而得出如下结论：

对于同一种土，最优含水量和最大干密度随压实功能而变化；击实功能愈大，得到的最优含水量愈小，相应的最大干密度愈高。但干密度增大不与击实功增大成正比，故简单的通过增大击实功来提高干密度是不经济的。有时还会引起填土面出现所谓“光面”。

含水量超过最优含水量以后，压实功能的影响随含水量的增加而逐渐减小；击实曲线和饱和曲线（土在饱和状态=100%时含水量与干密度的关系曲线）不相交，且击实曲线永远在饱和曲线的下方。

这是因为在任何含水量下，土都不会被击实到完全饱和状态，亦即击实后的土内总留存一定量的封闭气体，故土是非饱和的。相应于最大干密度的饱和度在80%左右。

三、土的级配

级配良好的土易于压实，压实性较好，这是因为不均匀土内较粗土粒形成的孔隙有足够的细土粒去充填，因而能获得较高的干密度。均匀级配的土压实性较差，因为均匀土内较粗的土粒形成的孔隙很少有细土粒去充填。

以上所揭示的土的压实特性均是由室内击实试验中得到的。但实际工程中垫层填土、路堤施工填筑的情况与室内击实试验的条件是有差别的。室内击实试验是用锤击的方法使土体密度增加。实际上击实试验使土样在有侧限的击实筒内进行，不可能发生侧向位移，力作用在有侧限的土体上，则夯实会均匀，且能在最优含水量状态下获得最大干密度。而现场施工的土料，土块大小不一，含水量和铺填厚度又很难控制均匀，实际压实土的均匀性会较差。因此，施工现场所能达到的干密度一般都低于击实试验所获得的最大干密度。因此，对现场土的压实，应以压实系数与施工含水量来进行控制。

第四节 垫层设计

垫层的设计主要是确定以下四个参数：垫层的厚度、垫层的宽度、承载力和沉降。

垫层设计的主要内容是确定断面的合理厚度和宽度。对于垫层，既要求有足够的厚度来置换可能被剪切破坏的软弱土层，又要有足够的宽度以防止垫层向两侧挤出。对于排水垫层来说，除要求有一定的厚度和密度满足上述要求外，还要求形成一个排水面，促进软弱土层的固结，提高其强度，以满足上部荷载的要求。

一、垫层厚度的确定

垫层的厚度一般根据垫层底面处土的自重应力与附加应力之和不大于同一标高处软弱土层的容许承载力。

垫层厚度一般不宜大于3m，也不宜小于0.5m。

太厚施工较困难，太薄则换土垫层的作用不显著。所以垫层厚度的确定，除应满足计算要求外，还应根据当地的经验综合考虑。

二、垫层宽度的确定

垫层的宽度除应满足基础地面应力扩散的要求外，还应考虑垫层侧面土的强度条件，防止垫层材料由于侧面土的强度不足或由于侧面土的较大变形而向侧边挤出，增大垫层的竖向变形，使建筑物沉降增大。

三、垫层承载力的确定

经换填处理后的地基，由于理论计算方法尚不完善，垫层的承载力宜通过现场荷载试验确定，如对于一般工程可直接用标准贯入试验、静力触探和取土分析法等。

四、沉降计算

垫层地基的沉降分两部分，一是垫层自身的沉降，二是软弱下卧层的沉降，由于垫层材料模量远大于下卧层模量，所以在一般情况下，软弱下卧层的沉降量占整个沉降量的大部分。垫层下卧层的沉降量可按国家标准《建筑地基基础设计规范》（GB 50007—2011）中的5.3.5条规定计算，以保证垫层的加固效果及建筑物的安全使用。

五、垫层材料的选择

（一）砂石

垫层材料宜选用碎石、卵石、角砾、原砾、砾砂、粗砂、中砂或石屑（粒径小于2mm的部分不应超过总重的45%），应级配良好，不含植物残体、垃圾等杂质。当使用粉细砂或石粉（粒径小于0.075mm的部分不应超过总重的9%）时，应掺入不少于总重30%的碎石或卵石，最大粒径不宜大于50mm。对湿陷性黄土地基，不得选用砂石等渗水材料。

（二）粉质黏土

土料中有机质含量不得超过5%，也不得含有冻土或膨胀土。当含有碎石时，其粒径不宜大于50mm。用于湿陷性黄土地基或膨胀土地基的粉质黏土垫层，土料中不得夹有砖、瓦和石块。

（三）灰土

体积配合比宜为2：8或3：7。土料宜用粉质黏土，不得使用块状黏土和砂质粉土，不得含有松软杂质，并应经过筛选，其颗粒不得大于15mm。石灰宜用新鲜的消石灰，其粒径不得大于5mm。

（四）粉煤灰

粉煤灰可用于道路、堆场和小型建筑、构筑物等的换填垫层。粉煤灰垫层上宜覆土300～500mm。粉煤灰垫层中采用掺加剂时，应通过试验确定其性能及适用条件。作为建筑物垫层的粉煤灰应符合有关放射性安全标准的要求。粉煤灰垫层中的金属构件、管网宜采取适当防腐措施。大量填筑粉煤灰时应考虑对地下水和土壤的环境影响。

（五）矿渣

垫层使用的矿渣是指高炉重矿渣，可分为分级矿渣、混合矿渣及原状矿渣。矿渣垫层主要用于堆场、道路和地坪，也可用于小型建筑、构筑物地基。选用矿渣的松散重度不小于11kN/m^3，有机质及含泥总量不超过5%。设计、施工前必须对选用的矿渣进行试验，在确认其性能稳定并符合安全规定后方可使用。作为建筑物垫层的矿渣应符合对放射性安全标准的要求。易受酸、碱影响的基础或地下管网不得采用矿渣垫层。大量填筑矿渣时，应考虑对地下水和土壤的环境影响。

（六）其他工业废渣

在有可靠试验结果或成功工程经验时，对质地坚硬、性能稳定、无腐蚀性和放射性危害的工业废渣等均可用于填筑换填垫层。被选用工业废渣的粒径、级配和施工工艺等应通过试验确定。

（七）土工合成材料

由分层铺设的土工合成材料与地基土构成加筋垫层。所用土工合成材料的品种与性能及填料的土类应根据工程特性和地基土条件，按照现行国家标准《土工合成材料应用技术规范》（GB50290—1998）的要求，通过设计并进行现场试验后确定。

作为加筋的土工合成材料应采用抗拉强度较高、受力时伸长率不大于4%～5%、耐久性好、抗腐蚀的土工格栅、土工格室、土工垫或土工织物等土工合成材料；垫层填料宜用碎石、角砾、砾砂、粗砂、中砂或粉质黏土等材料。若工程要求垫层具有排水功能时，垫层材料应具有良好的透水性。

在软黏土地基上使用加筋垫层时，应保证建筑稳定并满足允许变形的要求。

六、其他几种材料的垫层的设计

（一）土垫层

素土垫层或灰土垫层（石灰与土地体积配合比一般为2：8或3：7）总称为土垫层，是一种以土治土处理湿陷性黄土地基的传统方法，处理深度一般为1～3m。由于湿陷性黄土地基在外荷载作用下受水浸湿后产生的湿陷变形，包括土的竖向变形和侧向挤出两部分。经载荷试验表明，若垫层宽度超出基础底面宽度较小，防止浸湿后的地基土产生侧向挤出的作用也较小，地基土的湿陷变形量仍然较大。因此，在工程实践中，将垫层每边超出基础底面的宽度控制在不得小于垫层厚度的40%，且不得小于0.5m。通过处理基底下的部分湿陷性土层，可以达到减小地基的总湿陷量，并控制未处理土层的湿陷量不大于规定值，以保证处理效果。

素土垫层或灰土垫层按垫层布置范围，可分为局部垫层和整片垫层。在应力扩散角满足要求的前提下，前者仅布置在基础（单独基础、条形基础）底面以下一定范围内，而后者则布置于整个建筑物范围内。为了保护整个建筑物范围内垫层下的湿陷性黄土不受水浸湿，整片土垫层超出外墙基础外缘的宽度不宜小于土垫层的厚度，且不得小于1.5m。当仅要求消除基底下处理土层的湿陷性时，宜采用素土垫层。除了上述要求以外，还要求提高地基土的承载力或水稳性时，则宜采用灰土垫层。

（二）矿渣垫层

干渣（简称矿渣）又称高炉重矿渣，是高炉熔渣经空气自然冷却或经热泼淋水处理后得到的渣，可以作为一种换土垫层的填料。其技术标准可参照《混凝土用高炉重矿渣碎石》（YB/T 4178—2008）。

高炉重矿渣在力学性质上最为重要的特点是，当垫层压实效果符合标准时，荷载与变形关系具有直线变形体的一系列特点；若垫层压实不佳，强度不足，则会引起显著的非线性变形。

矿渣垫层的施工步骤如下。

（1）测量放线：按设计要求放出边线，将设计高程标在木桩上，桩距为

20m。

（2）将矿渣按宽度、填筑厚度和矿渣的干容重，计算出每个数据面所需矿渣量，调整好每车的堆入间距。

（3）矿渣摊铺：将备好的矿渣用推土机或平地机摊铺在路槽内，在摊铺的过程中，要随时进行检查，不得有粗细料集中的现象。

（4）矿渣垫层的洒水碾压：将摊铺好的矿渣进行洒水，洒水量要略高于最佳含水率，不允许将水流入到土路基上。在矿渣刚碾压时要少量加水，待碾压有一定密实时，再洒水。在碾压过程中要边压边整形，边找补，保证路基标高、路拱和平整度。在碾压过程中要进行压实度检测，当压实度不够时要加强碾压遍数，但要防止过碾的现象，一般用12～15t压路机振动碾压6～8遍即可。碾压时从路边向路中碾压。

素土垫层或灰土垫层、粉煤灰垫层和干渣垫层的设计可以根据砂垫层的设计原则，再结合各自的垫层特点和场地条件与施工机械条件，确定合理的施工方法和选择各种设计计算参数，并可参照有关的技术和文献资料。

第五节　粉煤灰垫层

粉煤灰垫层是对软土地基采用的换填加固技术之一。粉煤灰排放堆积，不仅占用宝贵的土地资源，而且对生态环境构成不同程度的污染。建造贮灰场又要耗费国家大量的基本建设投资费用和农业用地。因此，对粉煤灰的处理和利用已成为我国一个比较突出的经济和社会问题，迫切需要在岩土工程范围内开发利用粉煤灰资源，将粉煤灰作为软土换填材料使用。经上海宝钢工程、上海冷轧薄板工程、上海关港港区工程、上海外高桥港区工程等各项重点建设工程填筑粉煤灰垫层的工程实例证明，粉煤灰是一种良好的地基处理材料，具有良好的物理力学性能，能满足工程设计技术要求。

粉煤灰垫层适用于厂房、机场、公路和堆场等工程的大面积填筑。

一、粉煤灰的工程特性及其对环境的影响

（一）自重轻

粉煤灰的重度比黏性土小得多，一般松散重度为6～7kN/m^2，经轻型击实试验后，干重度为9.2～13.5kN/m^3。粉煤灰比土要轻得多，产生差别的原因在于粉煤灰主要是以硅、铝为主的非晶态玻璃球体组成，结晶矿物含量较少。而黏性土矿物都由石英、长石和黏土矿物等晶体矿物组成，因此粉煤灰的相对密度和重度均比黏性土小。粉煤灰自重轻给回填土工程带来有利的一面，可降低对下卧土层的压力，减小沉降；如利用该特点，道路路堤的填筑工程高度现在可提高至8m，可打破土路堤4.5m的高度极限。

（二）击实性能好

粉煤灰的颗粒组成特点，使它具有可振实或碾压的条件，击实试验曲线峰值段比天然土具有相对宽的最优含水量区间，粉煤灰的最优含水量变动幅度是±4%，大于土±2%的变动幅度。因此，粉煤灰在回填施工过程中达到设计密实度要求的含水量容易控制，施工质量容易得到保证。

（三）抗剪强度

抗剪试验按直剪（快剪）和三轴剪（固结不排水剪）分别进行，粉煤灰的内摩擦角φ、黏聚力c均与粉煤灰的灰种、剪切方法、压实系数大小和龄期长短有关。

（四）压缩性

粉煤灰的压缩性能与击实功能、密实度和饱和程度等因素有关，上海规范指出应通过土工试验确定。若无实验资料，当压实系数为0.90～0.95时，压缩模量为8～20MPa。

（五）承载能力

由粉煤灰垫层经压实后承载能力的试验结果得知，粉煤灰垫层具有遇水后强

度降低的特性。当无实验资料时，对压实系数为0.90～0.95的浸水垫层，其容许承载力可采用120～200kPa，但尚应满足软弱下卧层的强度与地基变形要求。

（六）渗透性

由于粉煤灰颗粒组成近似砂质粉土，压实过程中与压实初期都具有较大的渗透系数，但随着龄期的增加，渗透性能逐渐减弱。上海粉煤灰初始渗透系数在10^{-4}～10^{-5}cm/s之间变化，明显大于黏性土。良好的透水性能给多雨地区的施工带来方便，并且由于透水性好，由外力引起的孔隙水压力也消散得快。

粉煤灰还具有较强的龄期效应。处于松散状态下的细颗粒并有水存在时，会在常温下与氢氧化钙产生化学反应，形成具有胶凝能力的化合物，这种反应即成为火山反应。这种反应的产物有效填充了孔隙，从而使强度和抗渗性能得到改善，前述抗剪强度和承载能力随龄期提高，其原因也在于此。这一特性还能使垫层在后期形成一块具有隔水性能的板块，其刚度和强度均较好，这就大大地改善了地基的承载能力。

（七）抗液化性

粉煤灰经压实后是否能避免在振动条件下液化，对此，在宝钢工程中进行了较为系统的分析。通过标准贯入试验证明不会发生液化。不同于抗地震能力较低的粉土或粉砂，由于粉煤灰具有一定的胶凝作用，在压实系数大于0.9时，即可抵抗7度地震液化。

（八）对环境的影响

粉煤灰是一种碱性材料，遇水后由于碱性可溶物的析出，pH值会升高，如宝钢粉煤灰的pH值可达10～12。同时粉煤灰中还含有一定量的微量有害元素和放射性元素，因此粉煤灰在填筑过程中是否能推广应用，在很大程度上取决于是否能满足我国现行的有关环境保护方面的要求。

实践表明，粉煤灰的pH值及硼、微量有害元素、放射性元素等的含量一般能满足有关环境保护的要求。

二、粉煤灰垫层的设计和施工

（1）前已述及各种材料的垫层设计都可近似地按砂垫层的计算方法进行计算，故对粉煤灰垫层的地基承载力计算、下卧层强度的验算和地基沉降的计算方法与砂（砂石、碎石）垫层基本相同，此处不再赘述。

（2）粉煤灰垫层可采用分层压实法。压实可用平板振动器、蛙式打夯机、压路机或振动压路机等。机具选用应按工程性质、设计要求和工程地质条件等确定，粉煤灰垫层不应采用水沉法或浸水饱和施工。

（3）对过湿的粉煤灰应沥干装运，装运时含水量以15%～25%为宜，底层粉煤灰宜选用较粗的灰，并使含水量稍低于最优含水量。

（4）施工压实参数可由室内轻型击实试验确定，压实系数应根据工程性质、施工机具、地质条件等因素选定，一般可取0.90～0.95。

（5）填筑应分层铺筑与碾压，设置泄水沟或排水盲沟。垫层四周宜设置具有防冲刷功能的帷幕。

（6）虚铺厚度和碾压应通过现场小型试验确定。若无实验资料，可选用铺筑厚度为200～300mm，碾压后的压实厚度为150～200mm。

（7）对小型工程可采用人工分层摊铺，在整平后用平板振动器或蛙式打夯机进行压实。施工时应一板压1/3～1/2板往复压实，由外围向中间进行，直至达到设计密实度要求为止。

大中型工程可采用机械摊铺，在整平后用履带式机具初压两遍，然后用中、重型压路机碾压，施工时应一轮压1/3～1/2板往复碾压，后轮必须超过两施工段的接缝。碾压次数一般为4～6遍，碾压至达到设计密实度要求为止。

（8）施工时宜当天铺筑，当天压实。若压实时呈松散状，则应洒水湿润再压实，所洒水的水质应不含油质，pH值为6～9。若出现“橡皮土”现象，则应暂缓压实，并采取开槽、翻开晾晒或换灰等方法处理。

（9）施工时压实含水量应控制在最优含水量区间$\omega_{op}\pm 4\%$范围内。

（10）施工时最低气温不低于0℃，以防粉煤灰含水冻胀。

第六节 垫层施工方法

一、垫层施工的分类

换土垫层的施工可按换填材料（如砂石垫层、素土垫层、灰土垫层、粉煤灰垫层和矿渣垫层等）分类，或按压（夯、振）实方法分类。目前国内常用的垫层施工方法主要有机械碾压法、重锤夯实法和振动压实法。

（一）机械碾压法

机械碾压法是采用各种压实机械，如压路机、羊足碾、振动碾等来压实地基土的一种压实方法。这种方法常用于大面积填土的压实、杂填土地基处理、道路工程基坑面积较大的换土垫层的分层压实。施工时，先按设计挖掉要处理的软弱土层，把基础底部土碾压密实后，再分层填土，并逐层压密填土。碾压的效果主要决定于被压实土的含水率和压实机械的压实能量。在实际工程中若要求获得较好的压实效果，应根据碾压机械的压实能量，控制碾压土的含水率，选择适合的分层碾压厚度和遍数，一般可以通过现场碾压试验确定。关于黏性土的碾压，通常用80～100kN的平碾或120kN的羊足碾，每层铺土厚度为200～300mm，碾压8～12遍，碾压后填土地基的质量常以压实系数λ_c和现场含水率衡量，压实系数为控制的干密度与最大干密度的比值，在主要受力层范围内一般要求$\lambda_c > 0.96$。

（二）重锤夯实法

重锤夯实法是利用起重设备将夯锤提升到一定高度，然后自由落锤，利用重锤自由下落时的冲击能来夯实浅层土层，重复夯打，使浅部地基土或分层填土夯实。主要设备为起重机、夯锤、钢丝绳和吊钩等。重锤夯实法一般适用于地下水位距地表0.8m以上非饱和的黏性土、砂土、杂填土和分层填土，用以提高其强度，减少其压缩性和不均匀性，也可用于消除或减少湿陷性黄土的表层湿陷性，但在有效夯实深度内存在软弱土时，或当夯击振动对邻近建筑物或设备有影响时，不得采用。因为饱和土在瞬间冲击力作用下不易排出水，很难夯实。

（三）振动压实法

振动压实法是利用振动压实机将松散土振动密实。地基土的颗粒受振动而发生相对运动，移动至稳固位置，减小土的孔隙而压实。此法适用于处理无黏性土或黏粒含量少、透水性较好的松散杂填土，以及矿渣、碎石、砾砂、砾石、砂砾石等地基。振动压实的效果主要决定于被压实土的成分和振动的时间，振动的时间越长，效果越好。但超过一定时间后，振动的效果就趋于稳定。所以在施工之前应先进行试振，确定振动所需的时间和产生的下沉量，如炉灰和细粒填土，振实的时间为3～5min，有效的振实深度为1.2～1.5m。一般杂填土经过振实后，地基承载力基本值可以达到100～120kPa。如地下水位太高，则将影响振实的效果。另外应注意振动对周围建筑物的影响，振源与建筑物的距离应大于3m。总的来说，垫层施工应根据不同的换填材料选择施工机械。粉质黏土、灰土宜采用平碾、振动碾和羊足碾，中小型工程也可采用蛙式打夯机、柴油夯；砂石等宜采用振动碾；粉煤灰宜采用平碾、振动碾、平板振动器、蛙式打夯机；矿渣宜采用平碾、振动碾、平板振动器。

二、垫层材料的选择

在垫层的施工中，填料的质量是直接影响垫层施工质量的关键因素。对于砂、石料和矿渣等垫层，主要检验其粒径级配以及含泥量；对于土、石灰填料等，主要检查其含水率是否接近最优含水率、石灰的质量等级以及活性CaO和MgO的含量、存放时间等。

砂垫层的砂料必须具有良好的压实性，以中、粗砂为好，也可使用碎石；细砂虽然也可以用于垫层，但不易压实，且强度不高。垫层用料虽然要求不高，但不均匀系数不能小于5，有机质含量、含泥量和水稳性不良的物质不宜超过2%，且不希望掺有大石块。

垫层的种类很多，除了砂和碎石垫层外，还有素土和灰土垫层等，近年来又发展了类似垫层的土工聚合物加筋垫层。

三、施工参数、机具简介

砂石垫层选用的砂石料应进行室内击实试验，根据压实曲线确定最大干密度和最优含水率，然后根据设计要求的压实系数λ_c确定设计要求的ρ_d，以此作为检验砂石垫层质量控制的技术指标。在无击实试验数据时，砂石垫层的中密状态可作为设计要求的干密度：中砂1.6g/cm^3，粗砂1.7g/cm^3，碎石、卵石2.0～2.1g/cm^2。

砂和砂石垫层采用的施工机具和方法对垫层的施工质量至关重要。下卧层是高灵敏度的软黏土时，在铺设第一层时要注意不能采用振动能量大的机具扰动下卧层，除此之外，一般情况下，砂及砂石垫层首先用振动法。因为振动法更能有效地使砂和砂石密实。我国目前常采用的方法有振动压实法（包括平振和插振）、夯实法、碾压法等。下面简单介绍一下常采用的机具及适用范围。

（一）振捣器

振捣器的振动棒头有软管相连，便于操作，不受电源、潮湿等条件限制，例如，FRZ-50型风动振捣器，具有体积小，振动频率高，操作简便、安全可靠，且插入激振功能强劲等特点，适用于各种条件的振捣。

振捣器的振捣方法有两种：一种是垂直振捣，即振动棒与垫层表面垂直；一种是斜向振捣，即振动棒与垫层表面成一定角度，约为40°～45°。

振捣器的操作要做到“快插慢拔”。快插是为了防止先将表面垫层振实而与下面垫层未振实，慢拔是为了使垫层能填满振动棒抽出时所造成的空洞。在振捣过程中，宜将振动棒上下略为抽动，以使上振下捣密实均匀。

（二）平板振动器

平板振动器是一种在现代建筑中用以垫层捣实和表面振实的设备。平板振动器具有激振频率高、激振力大、振幅小、混凝土流动性、可塑性强等特点，构件密实度高、成型快，大幅度提高了施工质量。

这种机具适用于各种工业和民业建筑、大坝、桥梁、预制构件的混凝土的平面振捣施工等。

平板振动器具有激振频率高、激振力大、振幅小等特点，可大幅度提高施工质量。由于其体积小，质量轻，并且采用了快速装卡结构，比使用普通外部振动器节省安装75%的辅助时间，节省75%人力。

（三）振动压实机

振动压实机是一种通过扶手掌握夯实方向的压实设备，一般采用柴油机或电动机，输出轴装有离合器，动力传递通过三角带，驱动双轴振动器，底盘与振动器紧固为一体。振动压实机的工作原理是由电动机错动两个偏心块以相同速度反方向转动而产生很大的垂直振动力。其自重为20kN，转速为1160 ~ 1180r/min，振幅为3.5mm，振动力可达50 ~ 100kN，并能通过操纵机械使它前后移动或转弯。

这种机具主要适用于处理砂土、炉渣、碎石等无黏性土为主的填土，一起产生高频振动，完成夯实与行走两种功能。其主要特点是，操作简单，双向（向前或向后）夯实。在狭窄地带大型设备无法作业时，其效果更为突出，体积小、激振力大，适用于多种类型垫层的夯实工程。

（四）蛙式打夯机

蛙式打夯机具有机构简单、操作和维修方便，故障率低，工作可靠，夯实效果好等特点。蛙式打夯机适用于带状沟槽、基坑、地基的夯实，以及泥土、灰土回填的夯实和室外场地平整等作业，但不适用于含冻土、坚硬的石块或有砖石的杂土的情况。

（五）振动压路机

振动压路机是利用其自身的重力和振动压实各种建筑和筑路材料。在工程建设中，振动压路机因适宜压实各种非黏性土、碎石、碎石混合料而被广泛应用。

在垫层的压实施工中，大多已采用振动压路机，因此在级配设计和实验室已越来越多地采用振动压实的方法进行设计及制备试件。与其他方法比较，振动压实法具有模拟实际现场施工的状况，不破坏级配、压实的密实度高等优点，是优选的设计和试验方法，同时符合《公路工程沥青及沥青混合料试验规程》（JTG E20—2011）的要求，适用于大面积的垫层压实工程。

四、施工要点

砂垫层施工中的关键是将砂加密到设计要求的密实度。常用的加密方法有水撼法、振动法（包括平振、插振、夯实）、碾压法等。这些方法要求在基坑内分层铺砂，然后逐层振密或压实，分层的厚度视振动力的大小而定，一般为150～200mm。施工时，应将下层的密实度经检验合格后，方可进行上层施工。

砂及砂石料可根据施工方法的不同控制最优含水率。最优含水率由工地试验确定，粉质黏土和灰土垫层土料的施工含水率宜控制在最优含水率$\omega_{op}\pm2\%$的范围内，粉煤灰垫层的最优含水率宜控制在最优含水率$\omega_{op}\pm4\%$的范围内。最优含水率可通过击实试验确定，也可按当地经验取用。

铺筑前，应首先验槽。浮土应清除，边坡必须稳定，防止塌土。基坑（槽）两侧附近如有低于地基的孔洞、沟、井和墓穴等，应在未做垫层前加以填实。

开挖基坑铺设砂垫层时，必须避免扰动软弱土层的表面，否则坑底土的结构在施工时遭到破坏后，其强度就会显著降低，以致在建筑物荷重的作用下，将产生很大的附加沉降。因此，基坑开挖后应及时回填，不应暴露过久或浸水，并防止践踏坑底。在软黏土层，上采用砂垫层时，应注意保护好基坑底部及侧壁土的原状结构，以免降低软黏土的强度。在垫层的最下面一层，宜先铺设150～300mm厚的松砂，用木夯仔细夯实，不得使用振捣器。当采用碎石垫层时，也应该在软黏土上先铺一层厚度为150～300mm的砂垫底。

砂、砂石垫层底面应铺设在同一标高上，如深度不同时，基坑地基土面应挖成踏步（阶梯）或斜坡搭接。搭接处应注意捣实，施工应按先深后浅的顺序进行。粉质黏土及灰土垫层分段施工时，不得在柱基、墙角及承重窗间墙下接缝。上下两层的缝距不得小于500mm。接缝处应夯压密实。灰土应拌和均匀并应于当日铺填夯压。灰土夯压密实后3d内不得受水浸泡。粉煤灰垫层铺填后应于当天压实，每层验收后应及时铺填上层或封层，防止干燥后松散起尘污染，同时应禁止车辆通行。垫层竣工后，应及时进行基础施工与基坑回填。铺设土工合成材料时，下铺地基土层顶面应平整，防止土工合成材料被刺穿、顶破。铺设时应把土工合成材料张拉平直、绷紧，严禁有褶皱；端头应固定或回折锚固；切忌曝晒或裸露；连接宜用搭接法、缝接法和胶结法，并均应保证主要受力方向的联结强度。

人工级配的砂石垫层，应将砂石拌和均匀后，再行铺填捣实。采用细砂作为垫层的填料时，应注意地下水的影响，且不宜使用平振法、插振法。

地下水位高出基础底面时，应采用排水、降水措施，这时要注意边坡的稳定，以防止塌土混入砂石垫层中影响垫层的质量。

当垫层底部存在古井、古墓、洞穴、旧基础、暗塘等软硬不均的部位时，应根据建筑对不均匀沉降的要求予以处理，并经检验合格后，方可铺填垫层。

五、三种不同的垫层施工方法

（一）机械碾压法

机械碾压法是采用各种压实机械来压实地基土。此法常用于基坑面积宽大和开挖土方量较大的工程。

在工程实践中，对垫层碾压质量进行检验时，要求获得填土的最大干密度。当垫层为砂性土或黏性土时，其最大干密度宜采用击实试验确定。为了将室内击实试验的结果用于设计和施工，必须研究室内击实试验和现场碾压的关系。所有施工参数（如铺筑厚度、碾压遍数与填筑含水率等）都必须由现场试验确定。在施工现场相应的击实功下，现场所能达到的垫层最大干密度一般都低于击实试验所得到的最大干密度。由于现场条件毕竟与室内试验的条件不同，因而对于现场施工效果应以压实系数及施工含水率作为控制标准。由于碾压机械的行驶速度对垫层的压实质量及施工工作效率有很大影响，为保证垫层的压实系数及有效压实深度能达到设计要求，对机械碾压时机械的行驶速度进行控制是完全必要的。按照《建筑地基处理技术规范》（JGJ79—2012）规定，几种机械的碾压行驶速度不应超过以下标准：平碾2.0km/h，羊足碾30km/h，振动碾2.0km/h，振动压实机0.5km/h。

（二）重锤夯实法

重锤夯实法是利用起重机械将夯锤提升到一定高度，然后自由落下，不断重复夯击以加固地基。经夯实后，地基表面形成一层比较密实的土层，从而提高地基表层土的强度，或者减少黄土表层的湿陷性；对于杂填土则可以减少其不均匀性。重锤夯实法一般适用于地下水位距离地表0.8m以上稍湿的黏性土、砂土、湿陷性黄土、杂填土和分层填土地基。重锤夯实法的主要施工设备为超重机械、夯锤、钢丝绳和吊钩等。

当直接采用钢丝绳悬吊夯锤时，吊车的起重力一般应大于锤重的三倍。当采用自动脱钩夯锤时，起重力应大于夯锤重量的五倍。夯锤宜采用圆台形状，夯锤重力宜大于20倍锤底面单位静压力15 ~ 20kPa。夯锤落距宜大于4m。当对条形基槽和面积较大的基坑进行夯击时，宜按照一夯挨一夯的顺序进行；而在面积较小的独立柱基基坑内夯击时，宜按照先外后里的跳打顺序夯击，累计夯击10 ~ 15次，最后两击的平均夯沉量，对于砂土不应超过5 ~ 10mm，对于细颗粒土不应超过10 ~ 21mm。随着重锤夯击遍数的增加，土的每遍夯沉量会逐渐减小，当达到一定的夯击遍数后，继续夯打的效果已不大，因此，重锤夯实的现场试验应确定最少夯击遍数、最后两遍平均夯沉量和有效夯实深度等。一般重锤夯实的有效夯实深度约为锤底直径的一倍左右，并且可以消除1.0 ~ 1.5m厚土层的湿陷性。

（三）平板振动法

平板振动法是使用平板振动器来处理无黏性土或黏粒含量少、透水性较好的松散杂填土地基的一种浅层地基处理方法。其振动压实的效果与填土成分、振动时间等因素有关。一般振动时间越长，效果越好，但振动时间超过某一值后，振动引起的下沉基本稳定，再继续振动就不能起到进一步的压实作用。因此，需要在施工前进行试振，以便得出稳定下沉量和时间的关系。对主要由炉渣、碎砖、瓦块组成的建筑垃圾，振实时间在1min以上；对含炉灰的细粒填土，振实时间为3 ~ 5min，有效振实深度为1.2 ~ 1.5m。振实范围为基础边缘外扩0.6m左右，应先振实基槽两边，然后振实中间部分，振实标准是以振动器原地振实不再继续下沉为准，并辅以轻便触探试验检验其均匀性和影响深度。振实后的地基承载力应由现场载荷试验确定。一般经振实的杂填土地基承载力可达100 ~ 200kPa。试验证实，处于被扰动状态的土，在适当的上覆压力条件下会达到相当好的压实效果。

第七节　质量检验

一、质量检测

垫层质量检验包括：分层施工质量检查和工程质量验收。

分层施工的质量和质量标准应使垫层达到设计要求的密实度。检验方法主要有：环刀法和贯入法（可用钢叉或钢筋贯入代替）两种。

（1）环刀法：用容积不小于200的环刀压入垫层中的每层2/3的深度处取样，测定其干密度，干密度应不小于该砂石料在中密状态的干密度值。

（2）贯入测定法：先将砂垫层表面3cm左右厚的砂刮去，然后用贯入仪、钢叉或钢筋以贯入度的大小来定性地检验砂垫层质量，以不大于通过相关试验所确定的贯入度为合格。钢筋贯入法所用的钢筋为 ¢ 20mm，长1.25m的平头钢筋，垂直举离砂垫层表面70cm时自由下落，测其贯入深度。钢叉贯入测定法是用水撼法使用的钢叉，举至离砂层面500mm自由下落，然后测量贯入度。用贯入度大小来衡重砂垫层的质量，以不大于通过试验所确定的贯入度为合格。

工程竣工质量验收的检测、试验方法有：

（一）静载荷试验

根据垫层静载荷实测资料，确定垫层的承载力和变形模量。

（二）静力触探试验

根据现场静力触探试验的比贯入阻力曲线资料，确定垫层的承载力及其密实状态。

（三）标准贯入试验

由标准贯入试验的贯入锤击数，换算出垫层的承载力及其密实状态。

（四）轻便触探试验

利用轻便触探试验的锤击数，确定垫层的承载力、变形模量和垫层的密实度。

（五）中型或重型以及超重型动力触探试验

根据动力触探试验锤击数，确定垫层的承载力、变形模量和垫层的密实度。

（六）现场取样做物理、力学性质试验

检验垫层竣工后的密实度，估算垫层的承载力及压缩模量。

上述试验、检测项目，对于中小型工程无须全部采用，对于大型或重点工程项目应进行全面的检查验收。

其检验数量每单位工程不应少于3点；1000以上工程，每100至少应有1点；3000以上工程，每300至少应有1点。每一独立基础下至少应有1点，基槽每10～20m应有1点。

二、常见问题

机械开挖基坑时，出现超挖现象，使垫层的下卧土层发生扰动，降低了基底软土的强度。

预防的办法是：机械开挖基坑时，预留30～50cm的土层由人工清理。

处理的办法是：如实际中出现了超挖的现象或基坑底的土受到扰动，如标高允许的话，适当调整垫层的标高，由人工清理掉基坑底的扰动软土，再进行垫层施工。

（一）进厂材料不符合质量要求

常见的材质方面的问题有：进厂的砂石材料级配不合理，含泥量过大；石灰、粉煤灰不符合质量等级要求，含水量过大或过小，有机质含量过高，石灰的存放时间过长等；灰土拌和不均匀；土料含水量过大或过小，土料没过筛就使用，土料含有机质、杂质过多。如此种种。

预防和处理办法，要针对不同的质量不合格原因，采取相应的措施。总起来

说，就是要严把材料进料关，定期对材料进行抽样检查，甚至对每批进厂材料均要抽样检查，严禁不合格的填料用于垫层工程中。

（二）分层填筑密实度不均匀或密度值太小

产生的原因主要是，施工时分层厚度太大，导致分层铺筑密实度达不到设计要求，或者填土的含水量远大于或小于其最优含水量以及压实遍数不够均会导致垫层密实度达不到设计要求。另外，密实度不均匀也是由于施工方法不当引起。

预防和处理办法：改进施工方法，采用恰当的分层厚度、压实遍数，严格控制施工时填料的含水量接近其最优含水量。对于砂石垫层、干渣垫层，一般要保持洒水饱和时进行施工。对素土、灰土和粉煤灰垫层，含水量要在范围内施工才能达到设计密实度。另外在垫层搭接部位要严格控制，避免发生密实度不均匀，适当增加质量抽检数量和次数，防止这种现象出现。基坑底已存在的古穴、古井、空洞等未及时发现，也会导致垫层施工后密实度不均匀，所以在验槽时，对这些问题要详细勘查、排除。

三、检查方法

（1）施工前应对换填的范围和深度进行核实。结合高速铁路沉降控制的需要，应对土质地基和软质岩及强风化硬质岩地基进行原位测试检测，检查下承层地基土层是否满足设计要求，其目的是充分掌握下承层地基的土质特性，足够准确地评价地基和路基土工结构物的变形状态，如发现与设计不符时应及时反馈信息，以便优化调整地基换填处理措施。

（2）当采用机械挖除换填土时，应预留保护层由人工清理，保护层的厚度宜为30～50cm。基底为软质岩及强风化硬质岩，当底部起伏较大时，可设置台阶或缓坡，并按先深后浅的顺序进行换填。

（3）换填深度应满足设计要求。检验数量：施工单位沿线路每100m抽样检验5处。监理单位沿线路每100m抽样检验1处。

检验方法：尺量、测量仪器测量。

（4）换填深度范围内的土层应挖除干净，坑底应按设计要求整平。

检验数量：施工单位、监理单位全部检验。

检验方法：观察。

（5）换填基底开挖处理后的基底压实质量应符合设计要求。

检验数量：施工单位沿线路纵向每100m抽样检验3点，其中线路中间1点，两侧距换填边缘2m处各1点。监理单位按施工单位抽样检验数量的10%平行检验。

检验方法：按《铁路工程土工试验规程》（TB10102—2010）规定的试验方法进行检验。

（6）换填基坑坡脚线位置的允许偏差为-50mm。

检验数量：施工单位每换填基坑沿线路纵向及横向各抽样检验4处。

检验方法：经纬仪测量。

（7）换填顶面高程、横坡的允许偏差、检验数量及检验方法应符合相关规定。

参考文献

[1] 王莉力，王子明，郑翘.建筑电气[M].哈尔滨：哈尔滨工程大学出版社，2012.

[2] 李唐兵，龙洋.建筑电气与安全用电[M].成都：西南交通大学出版社，2018.

[3] 岳井峰.建筑电气施工技术[M].北京：北京理工大学出版社，2017.

[4] 赵乃卓.建筑电气[M].哈尔滨：哈尔滨工业大学出版社，2014.

[5] 关光福.建筑电气[M].重庆：重庆大学出版社，2007.

[6] 杨国庆，任月清，齐利晓.建筑电气技术基础[M].哈尔滨：哈尔滨工程大学出版社，2015.

[7] 郭福雁，黄民德，乔蕾.建筑电气控制技术[M].哈尔滨：哈尔滨工程大学出版社，2014.

[8] 邓祥辉.地基处理[M].北京：北京理工大学出版社，2018.

[9] 胡雷，陈星.地基处理[M].北京：地质出版社，2014.

[10] 张振营.地基处理[M].北京：中国电力出版社，2013.

[11] 林彤.地基处理[M].武汉：中国地质大学出版社，2012.

[12] 肖昭然.地基处理[M].郑州：黄河水利出版社，2012.

[13] 代国忠，吴晓枫.地基处理（第2版）[M].重庆：重庆大学出版社，2014.

[14] 侍倩.地基处理技术[M].武汉：武汉大学出版社，2011.